新しい1キログラムの測り方

科学が進めば単位が変わる

臼田　孝　著

ブルーバックス

装幀／芦澤泰偉・児崎雅淑
カバー写真／アフロ
目次・本文デザイン／齋藤ひさの（STUDIO BEAT）
本文図版／さくら工芸社

はじめに

私は国際度量衡《どりょうこう》委員会という国際組織の委員をしています。この委員会はメートル条約成立（1875年）以来、改選を続けながら定数18人の世界の科学者がずっと活動を継続している委員会です。本文でも詳しく触れますが、質量（キログラム）や長さ（メートル）など、計測の基準に関する科学的な課題やとりきめを検討するのが国際度量衡委員の役割です。そんな委員の仕事のひとつに、毎年1回、パリ郊外の国際度量衡局に保管されている「国際キログラム原器」の管理状況を確認するという作業があります。「国際キログラム原器」とは質量の単位である「キログラム（kg）」の基準です。白金とイリジウムの合金でつくられた円柱状の金属塊で、直径も高さも約39ミリメートルです。

そこにたどり着くには、3つの鍵の掛かった扉を開け（それぞれの鍵は別々の人が所持しており、3つが揃わないと開きません）、さらに金庫を開けなければなりません。そうしてようやく、ガラスの透明な容器に入っている「国際キログラム原器」を目にすることができます。そして委員同士顔を見合わせて「Still there.」（確かにまだあるね）と言って、また金庫を閉め、扉を閉めるのに立ち会います（その他に管理状況を示す記録簿や温度記録などを確認します）。

いったい21世紀のこの世の中で、ただの円柱状の金属塊にどんな意味があるのでしょう。その金属塊を100年以上にわたり、世界中から科学者が集まって確認しなければいけない理由とは何なのでしょうか。

皆さんの家庭にある体重計から、スーパーや小売店で肉や魚を計量するはかり、薬剤師が薬を調合する精密はかり、さらには鉄鉱石や原油などの輸出入に関わる大型のはかりに至るまで、世界中の質量にまつわる計測の基準はすべてこの「国際キログラム原器」が基準になっているのです。

ではもしこの「国際キログラム原器」という基準が変化したらどうなるでしょうか。世界中の質量の計測に関連のある測定結果が、それに準じてずれてしまうことになり、産業や経済に大きな影響と混乱をもたらすことになります。我々国際度量衡委員は、そのようなことが起きぬよう、キログラムの基準となる「国際キログラム原器」が、破損したり摩耗したりしていないか、管理状況を確認する役割を負っているのです。

ところがどんなに慎重に扱っていても、その基準がわずかに変動しているらしいことがわかってきました。日常生活には影響しないほどの、ごくわずかな変化ですが、今日のハイテク社会にとっては無視できない変動なのです。科学の発展により、これまで無視できていた計測の微小なずれが見つかり、今後の科学の発展を阻害する恐れが出てきたのです。

国際キログラム原器が製作されたのは19世紀末、今から130年近く前のことです。厳重に保管し、質量に変動がないかを科学的に監視する機関として国際度量衡局がその任にあたっています。当時の最先端の冶金《やきん》工学などが導入されて製作された白金イリジウムの金属塊は、腐食せず、また摩耗にも強く、慎重に扱えば10万年は質量の基準として機能するだろうと期待されました。ところがその後の計測技術の発展から、当時は予期しなかった変化が見えてきたのです。基準がずれてしまえば基準としての役目を果たせません。科学技術の進歩に対して基準が基準としての役割を果たせなくなってきたのです。本書のタイトルにもあるとおり、「科学が進めば単位が変わる」のです。

またどんなに安定したものでも人間の作ったものなので、いつかは壊れたり、朽ちたりします。

そこで今、計測に関わる世界中の研究機関が協力して、「国際キログラム原器」に代わる基準を開発しようと努力を続けています。そしていよいよ交代の時期が２０１９年に迫ってきているのです。そのときは、キログラムの定義改定に伴って、電流の単位アンペアと物質量の単位モル、およびこれら3単位とは独立に熱力学温度の単位ケルビンの計4単位の定義も変わる予定になっています。本書は、そのような、科学の進歩によって単位が変わる現在進行中のドラマを紹介するために上梓しました。

本書は文系出身の方でも抵抗なく読んで頂けるように、数式は最小限にしています。それでも技術的な理解を深めるためにある程度の数式を用いる必要がありました。また、巻末にも数式を使った解説を載せています。この部分は読み飛ばしても構いませんが、連立方程式、三平方の定理、平方根、程度にとどめているので、ひととおり通読してからぜひじっくりつきあってみてください。

本書を読むことで普段何気なく接しているキログラム、メートル、℃、といった単位への興味を深めて頂ければ幸いです。そして単位の世界で今何が起ころうとしているのか、皆さんと一緒に歩んでみたいと思います。それから、何十桁にも及ぶ計測値の裏で展開されている、メトロロジスト（計量学者）の挑戦をともに味わって頂ければ幸いです。

国際キログラム原器（写真：Courtesy of the BIPM）

もくじ◉新しい1キログラムの測り方

第1章

計測の基本 ——単位とは、測るとは

第4章 原器から原子へ ――キログラム原器の受難 65

第5章 メートル法から国際単位系へ ――あらゆるものを測定対象に 87

第6章 量子力学と相対性理論の時代

——宇宙をつらぬく法則

第9章 新しいキログラムへの道 ——動き出した国際プロジェクト

第10章 一気にゴールへ ——メトロロジストたちの奮闘

第11章 定義改定がもたらすもの ——すべての時代にすべての人々に 205

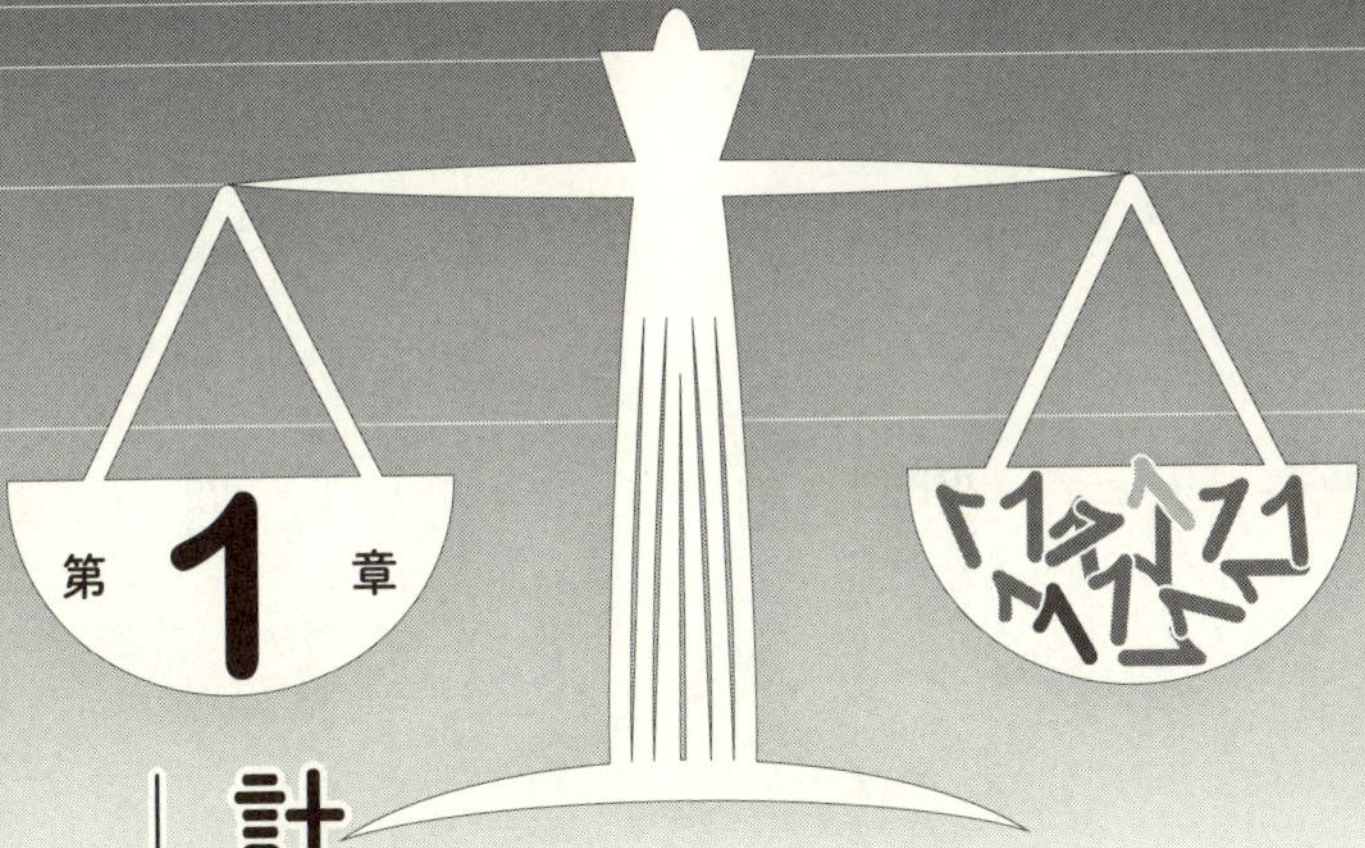

第1章

計測の基本

——単位とは、測るとは

測るとは

皆さんは今日、何を測ったでしょうか。朝起きて時計で時間を確認し、天気予報の気温予測を見て身支度を考えたでしょうか。具合が悪かったら体温を測るでしょう。車で通勤する人は途中のガソリンスタンドで給油し、帰路買い物でスーパーに立ち寄り、量り売りしている肉を買い……と、私たちの毎日はものを測ることに溢《あふ》れています。日常生活から貿易のような国をまたいだ経済活動まで、あるいは日曜大工から先端科学まで、私たちは日々、測定結果によって様々な意思決定を下しています。ときには自分自身が測った結果を使い、また別のときは他人の測った結果を利用します。このとき、どのように測定した結果を共有しているでしょうか。

例えば身長と体重を測ったとき、それぞれ1・72メートル、64キログラムだったとしましょう。このとき1・72や64という数値で表されるのは測定対象の度合いです。しかしこの数値だけでは何を示しているかわかりません。度合いに続くメートル、キログラムを単位と言います。測定結果は度合い×単位で表される、つまり単位の何倍に相当するか、というのが測定結果です(図1・1)。それぞれの単位がずれていたら、計測結果が異なってしまいます。また単位との比較である以上、単位の正確さ以上に測定することはできません。すべての測定結果の信頼性はまず、単位に依存しています。

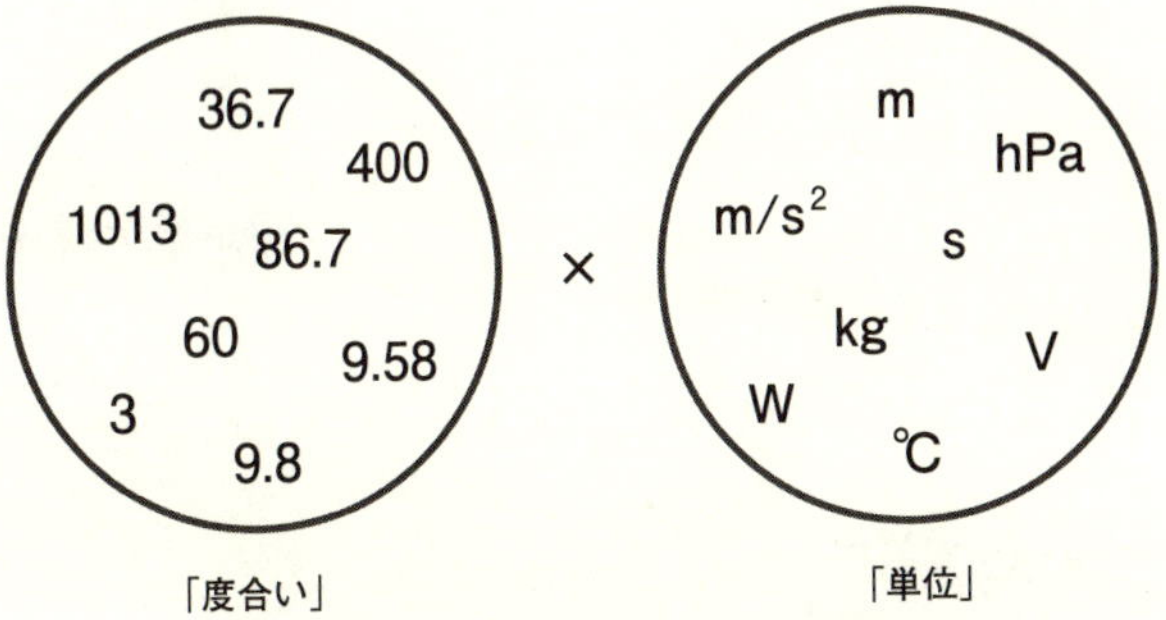

図1・1　測定結果は単位の何倍に相当するかで示される

誰が、どこで測っても、その結果を相互に比較できるためには、単位が統一されていなければなりません。そして、それがいつ測ったかによらず比較できるためには、単位が不変でなければなりません。このような単位はどのように生まれ、普及してきたのでしょうか。

単位の起源

人類は社会生活を営み始めたときから、お互いに共有できる基準を求めてきました。そしてその基準として体の部位や、身近な自然物を利用してきました。例えば古代エジプトの長さの単位、キュービットは王（ファラオ）の「ひじから中指の先まで」の長さであったと言われています。また中国で生まれ日本でも使われていた尺は、もともと親指と人差し指を広げた長さだったと言われています。尺という漢字はまさに指を広げた形を示していますね。体の部位を基準にすることは人間にとってごく自然の行為だった

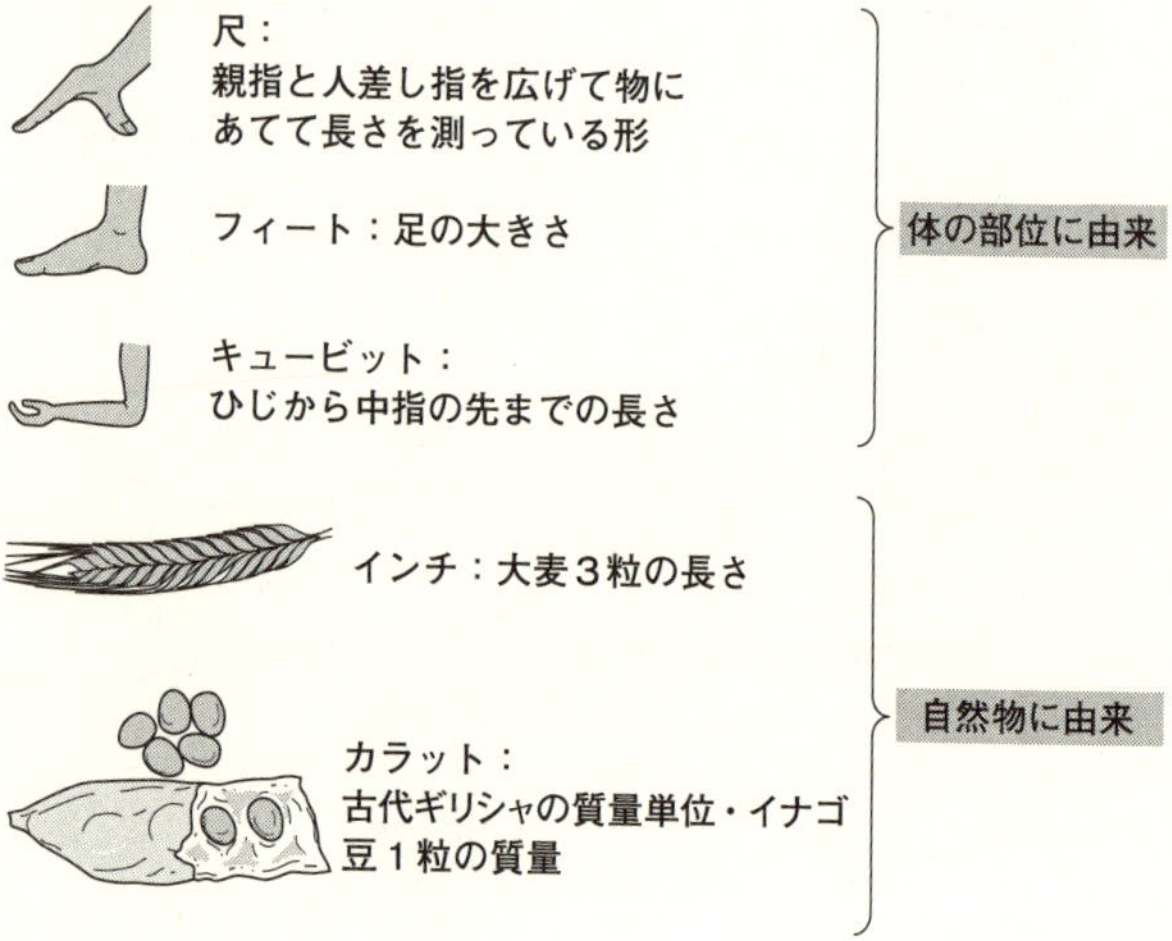
尺：
親指と人差し指を広げて物にあてて長さを測っている形
フィート：足の大きさ
キュービット：
ひじから中指の先までの長さ
体の部位に由来
インチ：大麦３粒の長さ
カラット：
古代ギリシャの質量単位・イナゴ豆１粒の質量
自然物に由来

図１・２　様々な単位の起源

と思われます。

一方、古代ギリシャやローマでは、質量の単位として豆1粒に相当するカラットが用いられたと言います。古くから地中海沿岸で食用に供された、イナゴ豆（キャロブ、またはキャラティオン）にちなんだ単位で、どの粒もわりあい揃っていて、1粒が約0・2グラムに相当したということです（図1・2）。カラットは今日でも宝石の大きさ（質量）を表すときに使われていますね。またインチ（25・4ミリメートル）の起源は諸説ありますが、もともと大麦3粒分の長さだったと言われています。

定義と現示

単位を共有しようとしたときには、その社

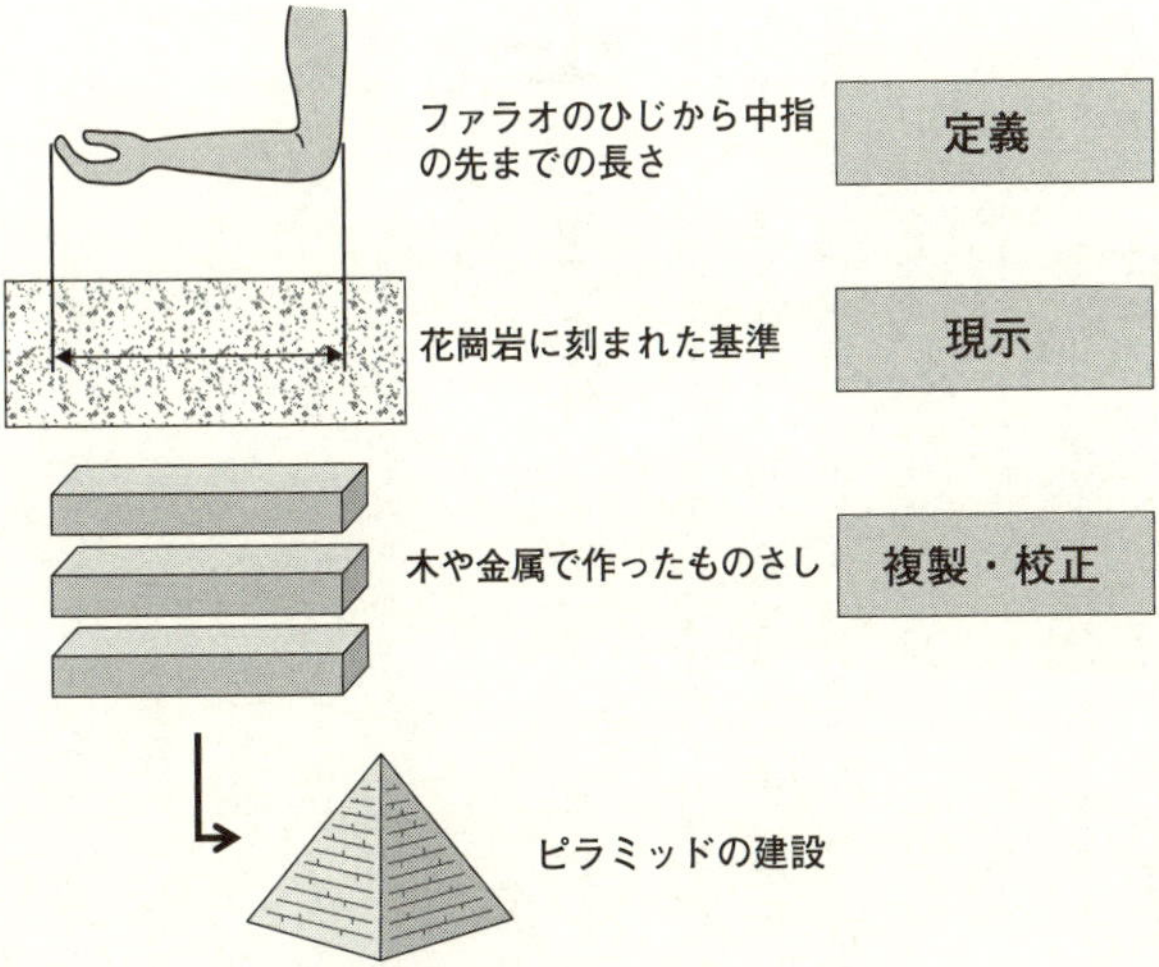

図１・３　定義と現示の関係

会で受け入れられる決まり事とする必要があります。この決まり事を、単位の「定義(definition)」と呼びます。そしてその定義を実際に形（モノ）にすることを「現示(realization)」と言い、形作られた器物を「原器（prototype)」と呼びます。

キュービットの例では、ファラオの前腕の長さを定義として、それに相当する長さが花《か》崗岩《こうがん》に刻まれ、長さの基準とされました。花崗岩に刻むという行為が現示、そして形作られた花崗岩の標準が原器ということになります。そしてピラミッド建設に携わる作業者にはそれを基にした木のコピーが与えられたといいます（図1・3）。

こうすることで末端における測定結果が、必ず定義に基づいた単位の何倍であるか、という計測の基本を維持できることになります。ちなみに作業者が使う木のコピーは、満月のたびに花崗岩に刻まれた基準と比較して、狂いがないか確認したそうです。このように定期的に原器と比較して狂いがないか確認することを「校正（calibration）」と言います。このような「定義」、「現示」、「原器」、そして「校正」というのは今日も計測の基本です。これからもたびたび表れるので良く覚えておいてください。ちなみにエジプトの例では満月ごとの校正を怠った者には重い罰が下されたそうですから、古代エジプトの人々は測定における校正の重要性を良くわかっていたようです。

単位の条件

さて、計測において使い手が接するのは現示された量そのもので、普通は定義にまで遡《さかのぼ》る必要はありません（いちいちファラオの腕を拝借するわけにはいきませんからね）。しかし、もし現示された原器がすり減ったり壊れたりしたときは、再び定義に従って現示する必要が生じます。このとき、もともとの定義に変動要因があると二度と同じ単位は実現できません。時を経ても決して変わらない約束事を単位の定義とする必要があります。

このことを踏まえると、体の部位や植物などの自然物は、単位としてふさわしくないことが容易にわかります。人の体は成長や老化によって変化するし、その人が亡くなってしまえば再現不能です。植物はもともとばらつきがあるし、地域や年によって作柄に違いがあるのでもっとばらつきます。そもそも砂漠や極寒の地では入手そのものが不可能です。

また、多くの人が共有することを考えると、その定義は万人に受け入れられる決まり事であることが重要です。この点で王様のような特定の人に依存する定義は受け入れがたいでしょう。また、定義によって必ず誤解なく同じ値に定まる必要があります。例えば王様といっても第何代の王様に合わせるのか、誤解や曖昧さがあっては優れた定義とは言えません。さらに定義に基づいて正確に現示できる技術があるかも重要です。そうでなければ、どんな理想的な定義も絵に描いた餅です。

以上のことをまとめると、定義とは単位を決定する約束事で、曖昧さがないこと、不変であること、そして万人に受け入れられるものであることが重要であり、現示とは定義から実際に基準を作り出すことで、技術的に確立していることが必要、ということになります。そしてこのような定義や現示、および計測結果の表現法をまとめて、単位系と呼んでいます。今日広く使われている単位系は一般にメートル法、より広範には国際単位系として体系化されています。

メートル法、そして国際単位系

単位の統一と普及は貨幣制度と似ています。昔から統治者が権威を示す手段として用いられ、同時に徴税や測量など統治に関わる重要な道具でもありました。古代エジプトがファラオの体軀《たいく》に単位を求めたのはその象徴でしょう。その結果、単位は時代により国により異なってしまいました。しかしこれでは工業化や活発な商取引、特に国境をまたいだ活動には不都合です。また科学的な知見の共有の障害にもなります。このため、特に市民階級の経済活動が活発になり、同時に自然科学の発展により合理的思想が普及してきた18世紀のヨーロッパで、誰もが受け入れられ、科学的に不変・普遍な単位系が検討されました。メートル法はこのような時期である18世紀末にフランスで生まれました。メートル法は、

①単位の大きさを人類共通の自然（例えば地球、水）に求めること
②10進法を採用すること
③1量1単位とすること

などを基本方針としていました。①は誰もが受け入れられ、不変であることから考えられました。②は、例えば12進法や16進法などが混在しないようにすることで表記法を統一し、誤解が生じないようにするためです。③は、例えば質量を測るときは対象が肉であっても金であっても、同じ単位・キログラムを使い、体積を測るときは水であっても牛乳であっても同じ単位・リットルを使うということです。当時はワインの体積とミルクの体積を別々の単位で表していたのです。

この時生まれたのが長さの単位であるメートル（記号はm）と、質量の単位であるキログラム（kg）です。そして、その他の量も基本的な単位の組み合わせ（組立単位）で表すことにしました。例えば面積なら縦の長さ×横の長さで平方メートル（m^2）、速度なら単位時間あたりに進んだ長さ、つまり長さ÷時間でメートル毎秒（m／s）というわけです。今でこそこのような考え方は違和感がありませんが、それまでは、例えば長さの単位（フィート、尺）に対して面積の単位（エーカー、坪、歩《ぶ》）が独立に与えられるのはあたりまえでした。

その後科学技術の発展により、例えば蒸気機関が発生する力や速度、エネルギーなど様々な計測対象が生まれましたが、それらも同様に組み合わせで表しました。少量の基本的な単位を決めて、あとはそれらによる組み合わせで様々な量を表すというメートル法は柔軟性があったのです。これが以前のように業種や測定対象ごとに単位を作っていたら、大きな手間と混乱を招いていたでしょう。

さらにその後に発見されて応用が広がった電気や化学物質なども測定対象として、メートル法は現在では国際単位系として体系化されています。国際単位系の基本となる単位は7つで、その他の単位は原則としてすべてこの7つの組み合わせで表すことができるように考えられています（図1・4）。例えば力の単位であるニュートン（$N = kg\ m\ s^{-2}$）、圧力の単位であるパスカル（$Pa = N/m^2 = kg\ m^{-1}\ s^{-2}$）などがあげられます。

基本単位（7個）

- 長さ：メートル（m）
- 質量：キログラム（kg）
- 時間：秒（s）
- 電流：アンペア（A）
- 熱力学温度：ケルビン（K）
- 物質量：モル（mol）
- 光度：カンデラ（cd）

組立単位

基本単位を用いて表される組立単位

- 速さ：メートル毎秒（m/s）
- 面積：平方メートル（m^2）
- 密度：キログラム毎立方メートル（kg/m^3）

など

固有の名称をもつ組立単位

- 平面角：ラジアン（rad）
- 立体角：ステラジアン（sr）
- 力：ニュートン（N）
- 周波数：ヘルツ（Hz）
- 電気抵抗：オーム（Ω）　など

図1・4　現在の国際単位系の構成

また、桁をわかりやすく表示するために3桁ごとに名称を定めました。これを接頭語と言います。1000（千）ならキロ、1000000（百万）ならメガ、といった具合です（図1・5）。メートル法（国際単位系）は広く定着し、日常生活から先端技術、科学に至るまで、あらゆる場面でその恩恵を被《こうむ》っていると言って良いでしょう。

さて、単位の統一がフランスで起こったことはすでに述べましたが、次章ではその経緯を当時に遡ってもう少し詳しく見てみましょう。

1000000000000000000000000	10^{24}	【ヨタ】	(Y)
1000000000000000000000	10^{21}	【ゼタ】	(Z)
1000000000000000000	10^{18}	【エクサ】	(E)
1000000000000000	10^{15}	【ペタ】	(P)
1000000000000	10^{12}	【テラ】	(T)
1000000000	10^{9}	【ギガ】	(G)
1000000	10^{6}	【メガ】	(M)
1000	10^{3}	【キロ】	(k)
100	10^{2}	【ヘクト】	(h)
10	10	【デカ】	(da)
1			

10^{-1}	【デシ】	(d)	0.1
10^{-2}	【センチ】	(c)	0.01
10^{-3}	【ミリ】	(m)	0.001
10^{-6}	【マイクロ】	(μ)	0.000001
10^{-9}	【ナノ】	(n)	0.000000001
10^{-12}	【ピコ】	(p)	0.000000000001
10^{-15}	【フェムト】	(f)	0.000000000000001
10^{-18}	【アト】	(a)	0.000000000000000001
10^{-21}	【ゼプト】	(z)	0.000000000000000000001
10^{-24}	【ヨクト】	(y)	0.000000000000000000000001

図１・５　国際単位系の接頭語

第2章 メートル法の誕生

―すべての時代にすべての人々に

革命前夜のフランスで

今日ではすっかり浸透したメートルやキログラムという単位。それが生まれたのは革命期のフランスでした。当時は世界中で単位がまちまちでしたが、フランスでも国どころか都市や業種によっても単位が異なっているのが実情でした。当時の推計では重さと長さに限っても800種類もの単位が使われていたとされています。おかげで流通がとどこおり、商工業の発展により力をつけつつあった市民階級には活動の障害と映っていました。また当時レター（論文）のかたちで研究成果を交換し合うようになっていた学者にとっても、単位の違いは悩みの種でした。お互いの実験結果、観測結果が簡単には比べられないのです。

一方で単位というのは生活に密着していますから、変えるのには大きな抵抗を伴います。仮に統一するにしても誰もが使い慣れた単位を手放そうとせず、相手が自分に合わせることを望むでしょう。革命でも起きない限り……。

フランス革命は、まさにそれまでの社会制度を旧弊として打破する活動でした。単位についても、多少の混乱は伴っても全く新しいものを定め、それを世界に通用する普遍的なものにしよう、という気運が起こりました。そんな騒然とした、しかし革新に満ちた空気の中、単位についても一新するという革命政府（国民議会）の決議を経て、新しい単位の策定をパリ科学学士院が行うことになりました。革命中の、1791年のことでした。

単位の候補

パリ科学学士院が単位の策定に取りかかる以前から、ヨーロッパの科学者の間では合理的な単位はどうあるべきかの議論が進んでいました。その要点はすでに述べたとおり、曖昧さがないこと、不変であること、そして万人に受け入れられることです。

そのような候補として長さでは、

①1秒振り子の長さ
②地球赤道の長さ
③地球子午線の長さ

を基にした単位が検討されていました。

①は、振り子の周期が1秒になるように調整した長さを基準にしよう、というものです。ガリレオ・ガリレイの振り子の等時性は知っていますね。振り子の揺れが一往復する時間（周期）は、振り子の長さで決まり、揺れが大きくても小さくても一定である、という法則です。周期が1秒になる振り子の長さはおよそ25センチメートルに相当するのですが、周期はまた地球の引力にも依存します。このため緯度（赤道付近では引力が小さく、高緯度では大きくなる）や標高

（高くなるほど引力が小さくなる）によって周期が異なるという問題がありました。

また当時は時間を計る技術も未熟だったこと、「長さ」という量が「時間」という量に依存することへの疑問などからこの案は捨て去られました。
②、③はいずれも地球の大きさに基づいた単位にしようという考えです。文字通り地球的規模の測量を必要とする、大変な難事業ですが、どこの国にも属さないという点で「世界に受け入れられる」という理想にふさわしいように思えました。ただし、赤道上はアフリカ大陸やアジア・南米の熱帯、大洋など測量不可能な地域が大部分です。結局、測量可能な陸域を考慮して「北極点から赤道までの子午線の1000万分の1」を基本的な長さとし、その名称を「測ること」に相当するギリシャ語の「メトロン（metron）」からメートルとすることを決めました。そしてそのための測量もすぐに開始されました。
このときの測量は、パリを貫く経線上を、北はダンケルク、南はバルセロナから2人の科学者に率いられた測量隊によって行われました（図2・1）。当時の最先端の測角器（図2・2）その他の測量器具を用いて教会の鐘楼などを目標にしながら三角測量を行いましたが、フランス革命の混乱の中で行われたその測量は大変な困難を伴ったそうです。見慣れない科学機器を携えた来訪者は、革命で心がゆれていた当時の人々にとって、大いに疑心を抱かせたでしょう。測量隊が拘禁されるなどの憂き目にも遭ったそうです。

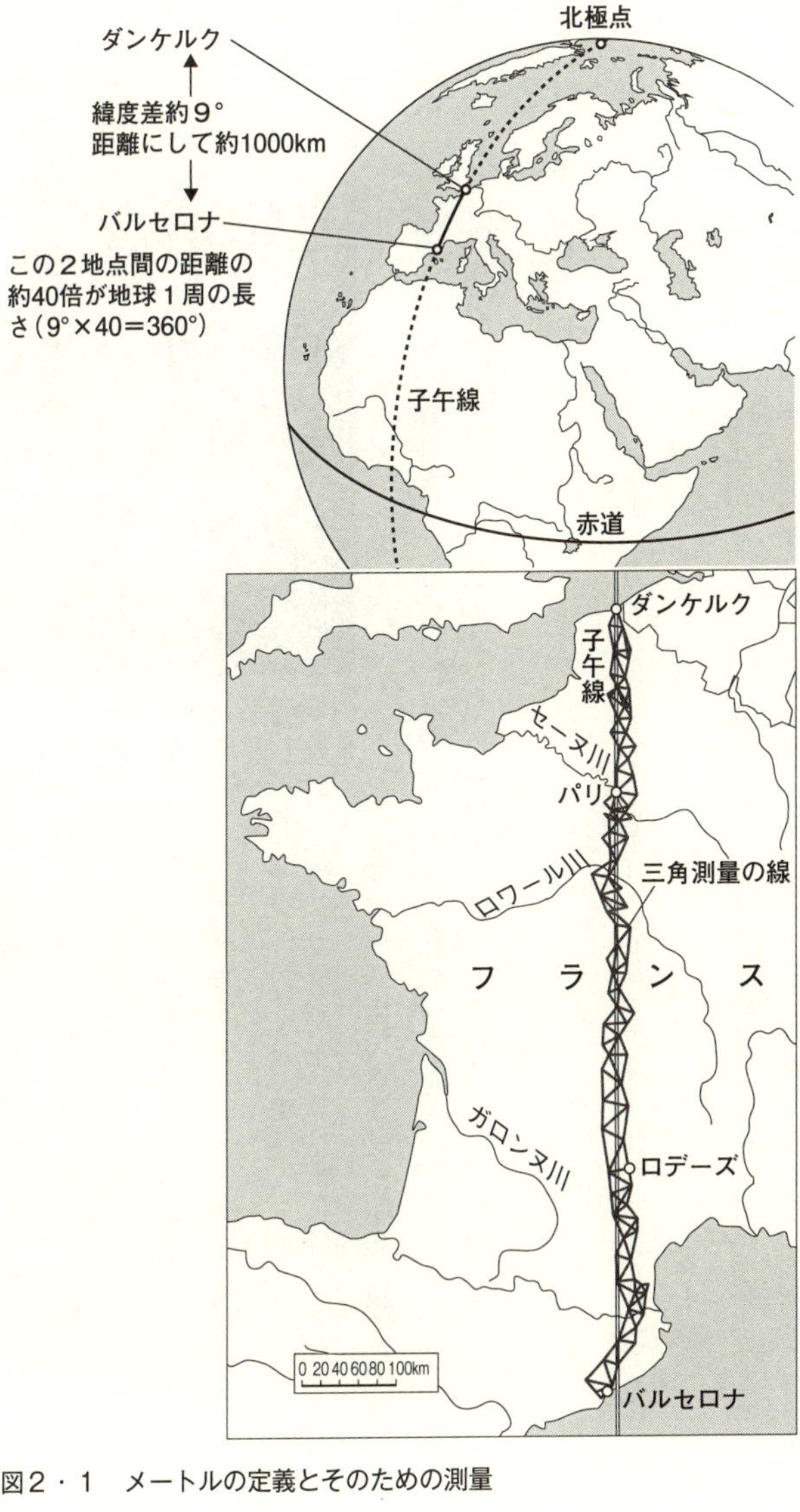

図２・１　メートルの定義とそのための測量

図2・2　測量に用いられた測角器（Mathematisch-Physikalischer Salon 所蔵）

そのようなエピソードはともあれ、ここで注目しておきたいのは、単位の決定に際して当時の最先端技術が用いられたこと、そして計測に多大な労力が割かれた、ということです。

思い出してください。計測とは、対象と単位との比較です。単位の正しさ以上の計測は決してできませんから、単位の決定にはその時点での最高の技術を用いなければなりません。技術だけでなく、間違いのないよう器具やデータの取り扱いには細心の注意をはらう必要があります。これは今日でも全く同じです。

質量の単位

同時に検討された質量では1立方デシメートル（1リットル）の一定温度の水の重量を標準とする案が検討されました。これは長さの測定手段を持てば、一辺10センチメートルのマスを作り、それをありふれた水で満たせば質量の標準も現示できるという合理的な考え方でした。

しかし当時の温度測定精度や温度を一定に保つ技術では、マスや水の熱膨張の影響から一定の

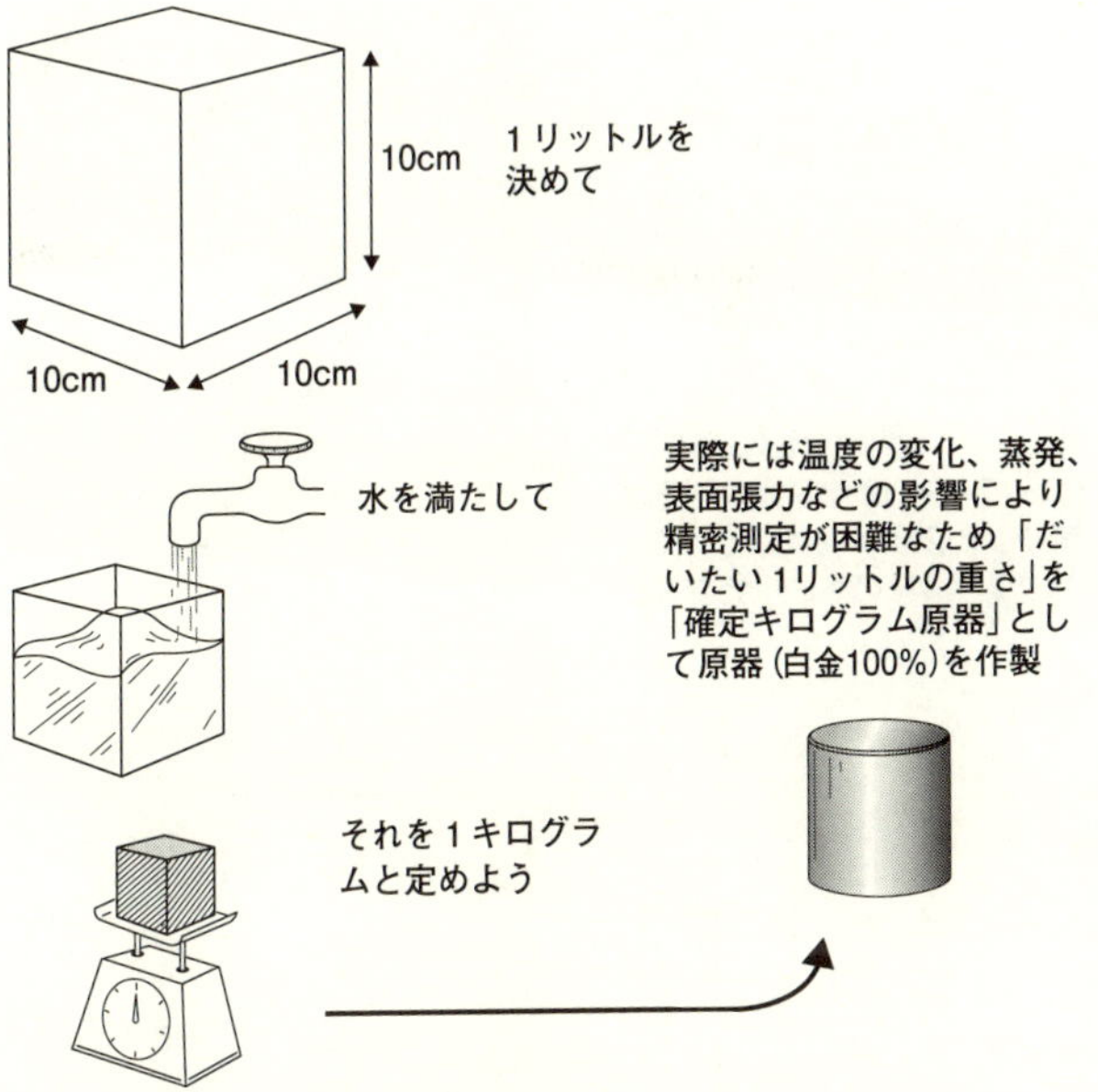

図2・3　質量（キログラム）の実現

体積を安定して実現することが困難でした。また一度水をはかりとっても、蒸発で時々刻々と変化してしまい質量の基準とするには難しいことがわかりました。そこで結局水1リットルに相当する質量を金属分銅に置き換えてそれを基準にし、その名称をキログラムと定めたのです（図2・3）。

ちなみにグラムはギリシャ語の「グラマ（grámma）」（もともとは「小単位」とか「(アルファベットの）1文字」を意味する）に基づいています。1グラムでは日常の取り引きでは小さすぎるので、その1000倍であるキログ

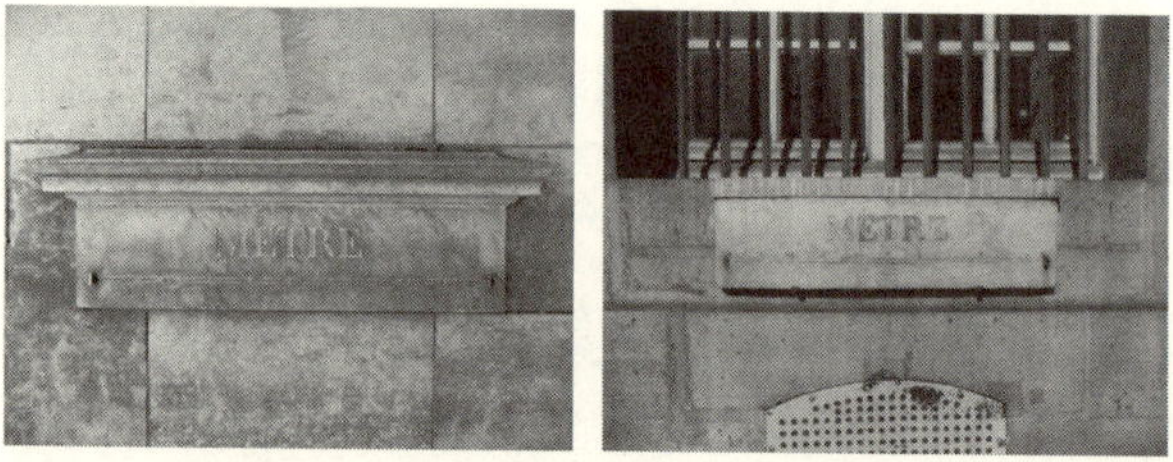

図2・4　啓蒙のためパリ市内に設置された大理石製のメートル基準器。1796年2月から1797年12月の間にパリ市内に設置された16基のうち2基が現存している。ヴォージラール通り（左）とヴァンドーム広場（右）のもの（筆者撮影）

ラムを基準に据えたのです。メートルもグラムも、ギリシャ語を由来にすることで欧州各国にとってはフランス語よりも普遍的な名前になりました。第1章で触れたキロやメガという接頭語も、ギリシャ語やラテン語に由来します。

メートルとキログラムの誕生

パリ科学学士院の決定を受けた困難な測量は6年にわたりました。この測量結果とキログラムに相当する水の測定値を受けて、1798年にメートルとキログラムの基準となる白金製の原器も製作されました。このような科学的な活動と並行して、それを社会制度として定着させる法整備や広報活動も行われました。例えばメートル普及のためにパリ市内にはメートル基準器が設けられました（図2・4）。建物の壁面に大理石製の基準を埋め込んで、手持ちのものさしを比べられるようにしたのです。

そしてメートル法を用いるよう法整備した際には「すべて

図２・５　メートル法公布・施行を記念したメダルのレプリカ。表面（写真左）の女神の手にはメートル尺と分銅、上部にはA TOUS LES TEMPS A TOUS LES PEUPLES（すべての時代にすべての人々に）の刻印がある。裏面（写真右）では大天使が北極点から赤道までの子午線を測っている（産業技術総合研究所所蔵）

の時代にすべての人々に」というスローガンが掲げられました（図２・５）。メートルとキログラムは政治や国籍に無縁で、人類にとって普遍的価値と科学的合理性に立脚しており、いずれ世界に受け入れられるだろう、と高らかに宣言したのです。

ここで改めて単位の定義、現示を整理すると、長さの単位・メートルは「北極点と赤道との間の子午線の弧の１０００万分の１である」と定義されます。現示は測量によって行うわけですが、何度も測量するわけにはいきませんから、１７９８年に終了した測量の結果をもって金属製のものさしを作り、以後はそれを基準にしました。

質量の単位・キログラムは「水１立方デシメートル（１リットル）に相当する質量」と定義されましたが、当時の温度測定精度などの制約、すなわち定義どおりの基準を作り出す現示技術が不十分だったことから、およその質量に相当する金属製の分銅を作り、以後はそれを基準にしました。

このように、定義と現示との間に技術的な制約があったものの、ここに近代的な定義と現示に基づく単位系、メートル法が生まれました。ちなみにこの時作られた基準（原器）はフランス公文書館に保管されたので、アルシーブ（archives＝公文書館）の原器と呼ばれています。

メートル法の国際化とメートル条約

いくらメートル法が合理的と言われても、庶民にとっては古くとも使い慣れた単位がいちばんです。普及には軋轢《あつれき》もあったようですが、それでも徐々に受け入れられていきました。そして1867年のパリ万博などを経て国際社会の注目を得て、メートル法を国際的に採用しよう、という気運が高まりました。この背景には、商工業が盛んになるにつれその流通に共通の単位が必要になったこと、また国境策定の測量など、国際政治においても共通の単位系や正確な標準が求められたことなどがありました。

そして何度かの準備会議を経て1875年、メートル法の世界的な普及を目的としたメートル条約が締結されます。当初の締結国は17ヵ国でした（表2・1）。ヨーロッパ各国ではすでにメートル法の採用検討が進んでいましたが、イギリスは条約の費用負担などを理由に加盟を見送っています（1884年に加盟）。一方、米州からは旧宗主国との関係や国際社会への参加を狙っ

表２・１　1875年のメートル条約締結国

ドイツ帝国
オーストリア＝ハンガリー帝国
ベルギー王国
ブラジル帝国
アルゼンチン共和国
デンマーク王国
スペイン帝国
アメリカ合衆国
フランス共和国
イタリア王国
ペルー共和国
ポルトガル・アルガルヴェ連合王国
ロシア帝国
スウェーデン＝ノルウェー連合王国
スイス連邦
オスマン帝国
ベネズエラ共和国

ていくつかの国が加盟しています。

この際、メートルやキログラムを定義に従って新たに現示する（測量等を行う）か、それまでの基準であるアルシーブの原器に従うか、大きな論争がありました。結局それまで用いられたものさしとの整合性を重視するため、アルシーブの原器の値を継承することにしました。

つまり「地球の大きさ」という定義は象徴的な意味にとどめ、それまでの測定結果との整合性を重視したのです。キログラムについても同様にそれまでの標準を踏襲することなどが取り決められました。そして改めてそれに沿ったメートル原器、キログラム原器が製作されることになりました。

原器の製作と配付

この当時、原器は単位の信頼性の根幹を支える存在です。メートル法を世界が共有するためには、未来永劫変わらない標準でなければなりません。そこでメートル条約に先立つ1872年から、国際委員会で原器製作法の検討が始まっていました。まず原器の元となる地金ですが、腐食しない白金を主体とし、強度を増すためにイリジウムを加えた、白金イリジウム合金とすることになりました。

また多数製作する原器をひとかたまりで精錬する必要性も合意されました。精錬を別々にすると、密度が変わるなど、一様にならないことが危惧されるためです。しかし、必要となる地金は当初の原器配付数から250キログラムとなり、このような大量の貴金属を精錬し、不純物を除去することに非常に苦労しました。

ここで製作を先導したのは、フランスとイギリスです。フランスはメートル法を生んだ国としての誇りに懸けて、イギリスはいち早く工業化を成し遂げた先進工業国として、当時の先端技術を駆使しました。しかしフランスで製作された地金は、密度が予期した値と異なり、不純物（鉄、ルテニウム等）が認められるなど、国際委員会に受け入れられませんでした。

そこで国際委員会はイギリスの貴金属材料メーカー、ジョンソン・マッセイ社に試作を依頼したところ、不純物の少ない白金とイリジウムの合金を得られることが確認されました。その地金を強酸や高温の水蒸気中に晒《さら》すなど、今日で言えば苛酷試験・加速試験を行いましたが変化は起こらず、腐食もしませんでした。

そしてその地金から原器の試作も行われ、密度、熱膨張率等が評価され、良好な結果が得られました。この試作結果を受けて、改めてジョンソン・マッセイ社にメートル原器30本、キログラム原器40個分の地金製作が依頼されました。そして精製された合金の地金から、30本のメートル原器と40個のキログラム原器が製作されました。その中から特に良好な原器（アルシーブの原器と比較して差がないもの）がひとつずつ選ばれ、それが国際メートル原器、国際キログラム原器となったのです。

これを受けて1889年、メートルとキログラムの定義は次の通り定められました。

・メートルは国際メートル原器が水の融解しつつある温度における長さ
・キログラムは国際キログラム原器の質量

現示は定義と一体、すなわち原器自体が定義された値を表すことになります。

残りの原器は抽選により条約加盟国に配付されました。1885年（明治18年）にメートル条約に加盟した日本も、この第1回原器配付の権利を得てメートル原器22番、キログラム原器6番を受領しています。

なお、現在メートル条約には50ヵ国以上が加盟しています。

原器保管施設の設立

さて、国際キログラム原器、国際メートル原器は世界にただひとつしかありません。そのコピーは各国に配付されたものの、あくまでコピーでしかなく、定期的に国際原器と比較する必要があります。

もし国際原器を特定の国が管理していたら、国際情勢によっては校正を拒否される、ということになりかねません。ここは中立な国際機関に管理を委ねるべきだ、ということになり、パリ郊外の「国際度量衡局（Bureau International des Poids et Mesures　略称ＢＩＰＭ）」で厳重に保管されることになりました。フランス国内に位置していますが、施設はあくまで国際機関なので、フランス当局でも勝手に立ち入ることはできません。ちなみに１９４０年、ナチスがパリに侵攻したときにも国際度量衡局には立ち入らなかったそうです。

そしてその国際度量衡局の活動や原器の保管状況を監督するために、「はじめに」で触れた国際度量衡委員会という組織があります。

現在の国際度量衡局には、70名あまりの職員が在席し、原器の管理と各国への校正事業、及び本書のテーマでもある単位改定のための最先端の研究も行われています。

メートル条約の成立時期と前後して、当時の先進工業国では計量標準の維持校正にあたる機関の整備が進んでいました。例えばドイツでは1887年に「物理工学研究所（Physikalisch-Technische Reichsanstalt、後のPhysikalisch-Technische Bundesanstalt　略称PTB）」が、イギリスでは1900年に「物理学研究所（National Physical Laboratory　略称NPL）」が設立されました。またアメリカでは1903年に「国立標準局（National Bureau of Standards　略称NBS）」、今日の「国立標準技術研究所（National Institute of Standards and Technology　略称NIST）」が設立されています。各国に配付されたキログラム原器やメートル原器は、これらの機関が管理し、国内への校正業務などに従事しました。ちなみに日本では1903年に同様の機関として「中央度量衡器検定所（産業技術総合研究所・計量標準総合センターの前身）」が設立されています。

今日では規模の大小はあれ、ほとんどの国に同様の機関が設立され、一般に「国家計量標準機関（National Metrology Institute　略称NMI）」と呼ばれています。この後の章でもたびたび登場するので、覚えておいてください。

日本での普及

ここで日本でのメートル法の歩みに触れておきましょう。日本では尺貫法が用いられていましたが、明治維新以後、国際化と近代化を進めるうえで西欧の制度導入は必須でした。同時期にメートル法の国際化が進んだことは日本にとって幸運だったと言えるかもしれません。明治政府はいち早くメートル法の重要性を理解し、1875年のメートル条約成立時こそ加盟を見送りましたが、1885年（明治18年）に加盟し、第1回の原器受領権利を得たことは前述のとおりです。

とはいえ、それまで使い慣れた単位系である、尺貫法に代わってメートル法が浸透するまでには長い時間が掛かりました。まず1891年（明治24年）に尺貫法とともにメートル法が法的に公認されました。1951年（昭和26年）には今日の計量制度の基盤となる、「計量法」が制定され、1959年（昭和34年）には一般商取引はメートル法だけに基づくよう法改正していきます。こうして日本で使われる単位は段階的にメートル法に収斂《しゅうれん》してきました。法律で定めてまで普及させたのは、単位の統一がそれだけ国の経済や産業にとって大事だということです。

一方、現在でも伝統産業向けなどに尺貫法のものさしの流通が認められています。文化としての過去の単位系や考え方は尊重すべきことです。また、家の間取りや広さなどは、畳やふすまのサイズに合わせて考えた方が都合が良いときもあります。これらの事実は、単位がいかに生活に密着しているか、身にしみているか、という事実を表しています。

なお、メートル条約加盟により受領した日本国キログラム原器と日本国メートル原器は、筆者が所属する産業技術総合研究所・計量標準総合センターで厳重に管理されています。日本国キログラム原器はいまでも質量の標準として使われています。

一方で日本国メートル原器は後述するとおり原器としての役割を終えています。ちなみに日本国メートル原器は日本の近代化における歴史的・学術的価値が高いとして、重要文化財に指定され、大切に保管されています。

第3章

地球から光へ
——メートル定義の変遷

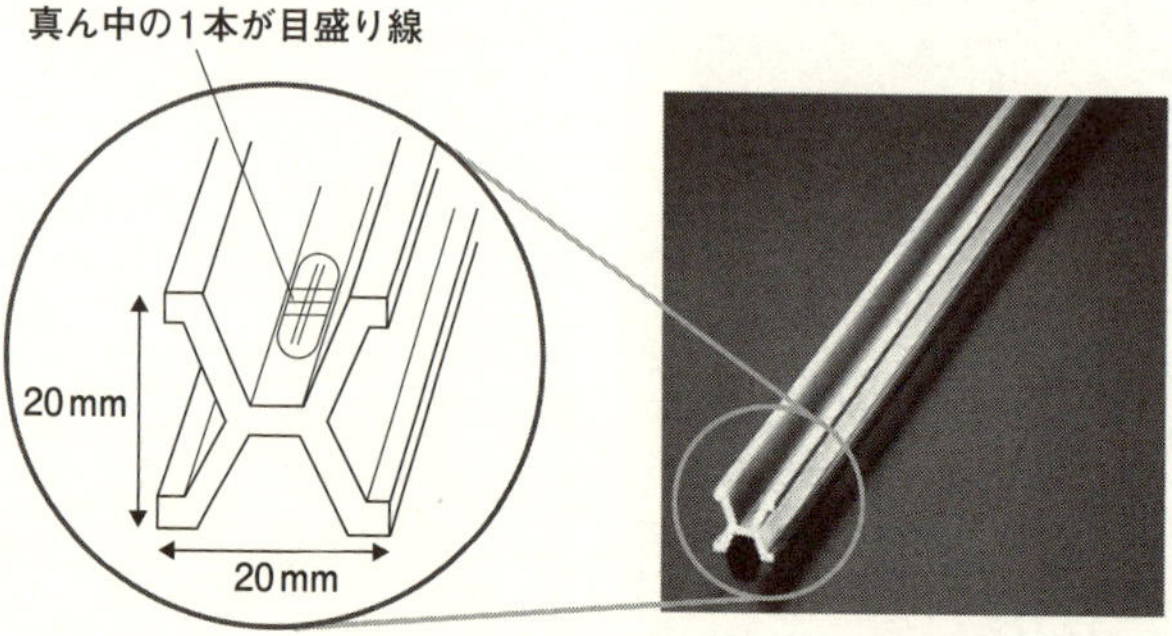

図3・1　メートル原器の概要（写真：産業技術総合研究所）

メートル原器の概要

　1889年に製作され、国際度量衡局に国際原器が、そして各国にはコピーが配付されたメートル原器は、白金90％、イリジウム10％の合金からできています。白金は腐食に強く、またイリジウムは万年筆のペン先に使われることからもわかるとおり、非常に固いので、この合金は安定ですり減らず、原器の用途に最適と思われました。

　原器は曲げに強いようにX字形の断面形状に加工されます（図3・1）。加工後研磨され、1メートルの長さを示す目盛り線が両端に引かれています。その目盛り線に挟まれた長さが1メートルというわけです。

　しかし物質は必ず温度による熱膨張があるため、温度が変わると長さが変わるという宿命を負っています。1889年当時の定義は第2章でも紹介したとおり「メートルは国際メートル原器が水の融解しつつある温度における長さ」というものでした。当時の温度制御技術は未熟で、空調もなかったため、一定の温度を定めるには氷の融点である0℃にするしか方法がなかったのです。

より具体的な指示としては「1メートルは国際メートル原器の両端に印《しる》された2本の目盛り線の中心間の、温度0℃のときの距離」とされました。どんなに細い目盛り線といえども太さはありますから、そのまた「中心」を基準とするように求めたわけです。

原器の限界

ところで目盛り線の中心、と言われてどこまで正確に読み取れるでしょうか。どんな熟練技術者が取り扱っても、目盛りの読み取り精度などから、原器をコピー（校正）する際の不確かさは1000万分の1（1メートルあたり0・1マイクロメートル）程度が限界でした。それに0℃ではじめて正しい長さを示すと言われても、実際の測定や加工は様々な温度で行われるので、その温度での膨張係数を見込んだ補正を行わねばならないなど、様々な不都合がありました。

ちなみに、各国に配付されたメートル原器には、温度による補正係数も付与されていました。また、その後の温度測定技術や空調技術の進歩により、1954年には20℃における長さに見直され、古い目盛りを削り取った上に目盛りが新たに付与されました。

そのようなわけで当時でも精密機械工業などでは、原器による標準では精度が不十分でした。

何より原器は紛失や摩耗のリスクがあります。手元のものさしを正確なものに維持するためには定期的な校正が欠かせません（古代エジプトで満月ごとに比較していたことを思い出してくださ い）。しかし原器を利用したら利用しただけ、破損や摩耗の危険が高まります。破損や摩耗を恐れて原器の利用を制限すれば、日常使うものさしの精度を維持するのが困難になります。これでは板挟み、せっかく作ったメートル原器も宝の持ち腐れです。

また、測定対象が1メートルより大きくなるほど、あるいは小さくなるほど、測定が困難になり精度が悪化することも容易に想像できます。例えば30センチメートルのものさしだけを使って、机の幅を測ることを考えてみてください。何度もものさしをあてると、その回数だけ誤差が生じるので、何度測り直しても違った長さになるでしょう。

そもそも地球の大きさを基に決定したメートルでしたが、第2章で触れたとおりこの時点のメートルは、地球の大きさとは直接関係なくなっています。万一国際メートル原器を壊してしまったとして、地球の大きさを測量し直しても、元通りにメートル原器が作れる保証はありません。

以上のように精度の点でも、長期的な標準維持の点でも、原器による限界は明らかです。そこでメートル条約が成立し、国際メートル原器が基準となった当初からこれに代わる基準の検討が進んでいました。

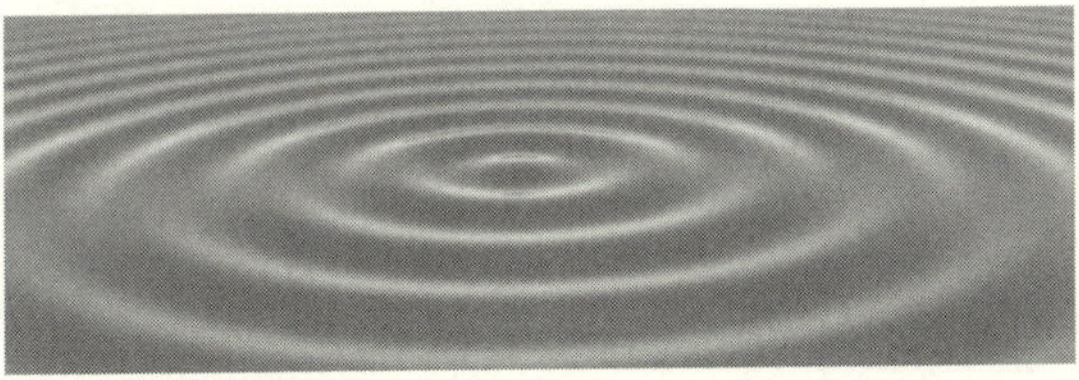

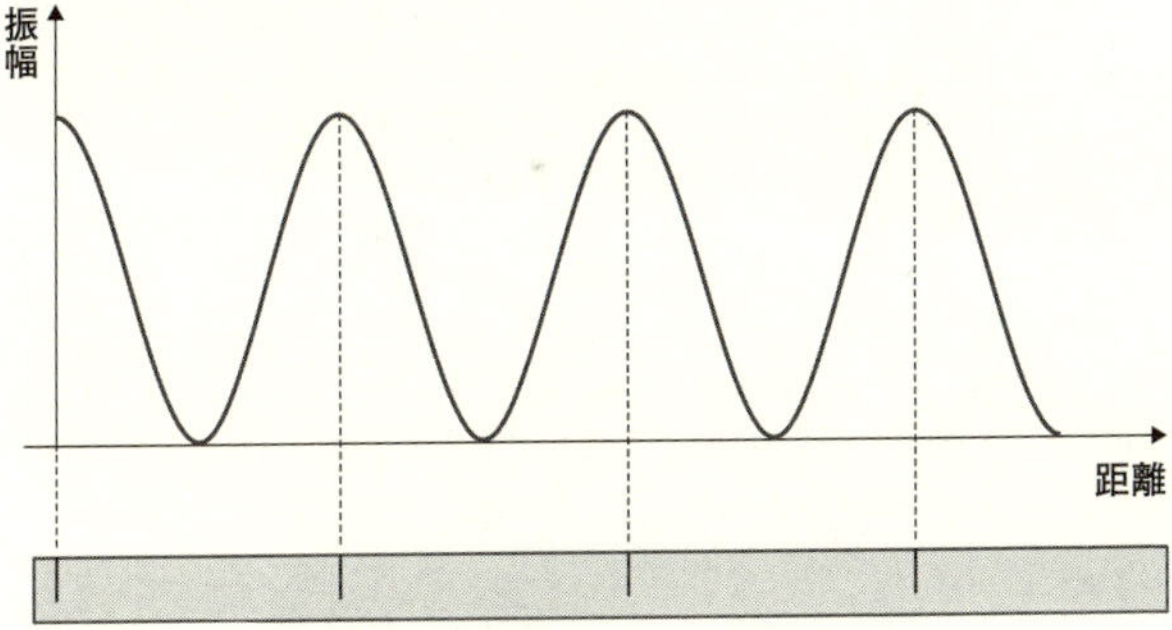
波長が目盛り間隔となっているものさし

図3・2　波とものさし

光のものさし

インチは大麦3粒分の長さが基になっていたことはすでにお話ししましたが、もし自然の中で、大きさが正確に揃っていてばらつきがないものがあれば、それを単位にするのが合理的です。そしてそれは小さいほど好都合です。なぜなら測定とは単位との比較ですから、小さいものを単位にするほどきめ細かく測定して、精度を上げられるからです。メートル法が生まれる前から、そのような候補としては光が考えられていました。

光の正体は電波と同じ、電磁波です。少し難しくなりますが、空間を電

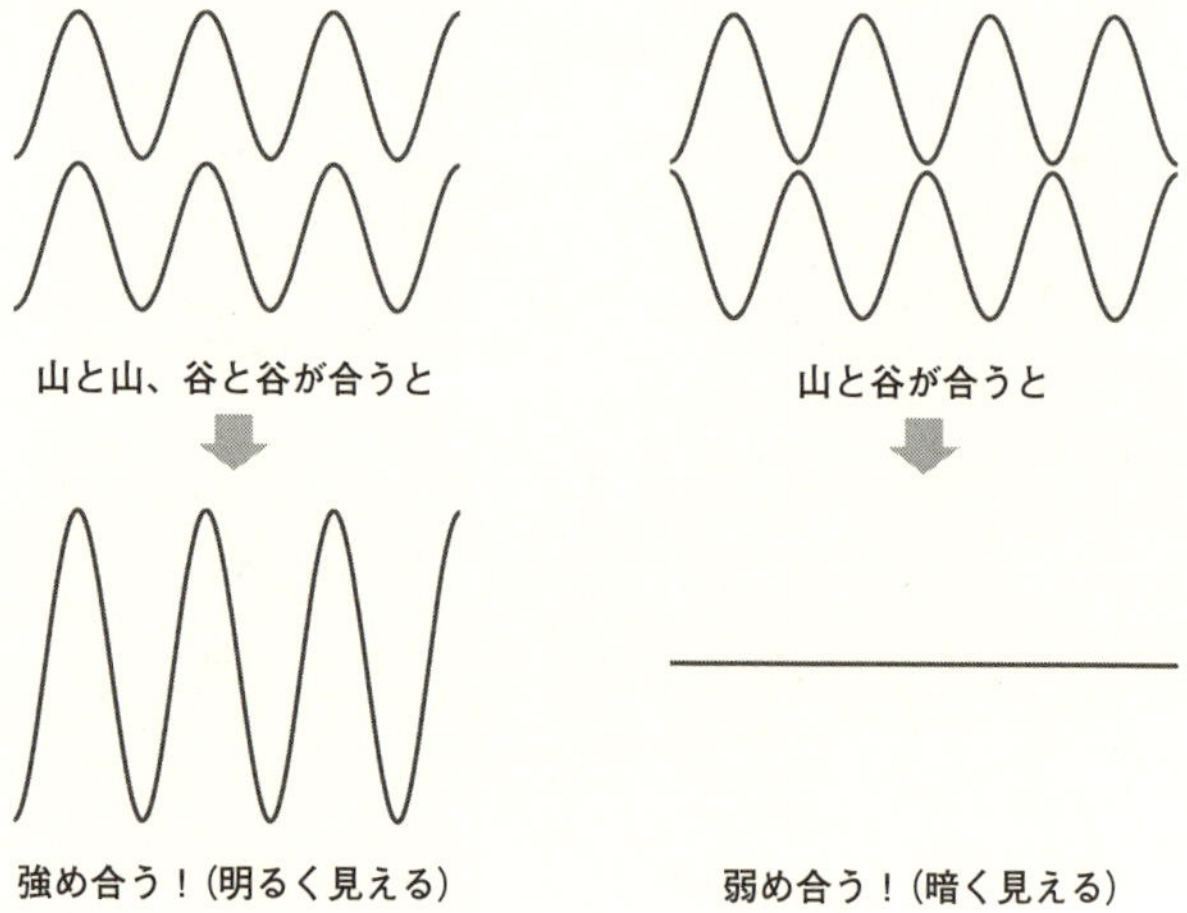
山と山、谷と谷が合うと
強め合う！（明るく見える）
山と谷が合うと
弱め合う！（暗く見える）

図3・3　光の干渉

場と磁場が交互に変化しながら進んでいく、文字通り波なのです。静かな水面に石を投げ込むと波紋が広がっていくのをイメージしてくださいい（図3・2）。波の山と山、谷と谷の間隔は一定です。この間隔を波長と言いますが、光は色によって特定の波長を持っています。言い換えれば、波長の違いを人間は色として認識しているのです。赤い光は650ナノメートルくらい（ナノは10億分の1を示すので、1万分の6・5ミリメートルに相当します）、青い光はそれより短く450ナノメートルくらいです。つまり1万分の4・5ミリメートル程度の細かさになります。もし光の波長を単位にすれば、長さを正確に測定することができます。いわば光のものさしです。

光のものさしと言ってもその目盛りは目に見

えない細かさです。読み取るための工夫が必要ですが、それも光の干渉として、以前から原理はわかっていました。光は波なので、山と山、谷と谷が重ね合わされるとそれぞれ強め合います。また山と谷が重ね合わされると弱め合います（図３・３）。この様子は光の明暗として観察することができます。

そこで光源から出た光を半透明鏡（ハーフミラー）で分割して、一方は距離を固定した光路を進ませ、もう一方は測定対象に沿って動く鏡で反射させて、再び合成すると、光の波長ごとに明暗が生じます（図３・４）。このときの明暗の間隔は１／２波長に相当します。したがって、この明暗の数を数えてやれば正確に長さが測れるというわけです。

このような装置を光波干渉計と呼びます。ちなみに干渉自体は身の回りでも観察できる現象です。例えばシャボン玉が虹色に見えるのも、様々な波長の光がシャボン玉の膜の厚さに応じて干渉しているからです。

光で距離を定義する

しかし太陽光（白色光）は、様々な色の光が混じり合っています。間隔がまちまちな、無数の目盛りが刻まれたようなもので、ものさしの用を成しません。プリズムのような仕組みで光を分離しても、特定の波長の光だけを取り出すことは難しく、いわば目盛り線が太いものさしになっ

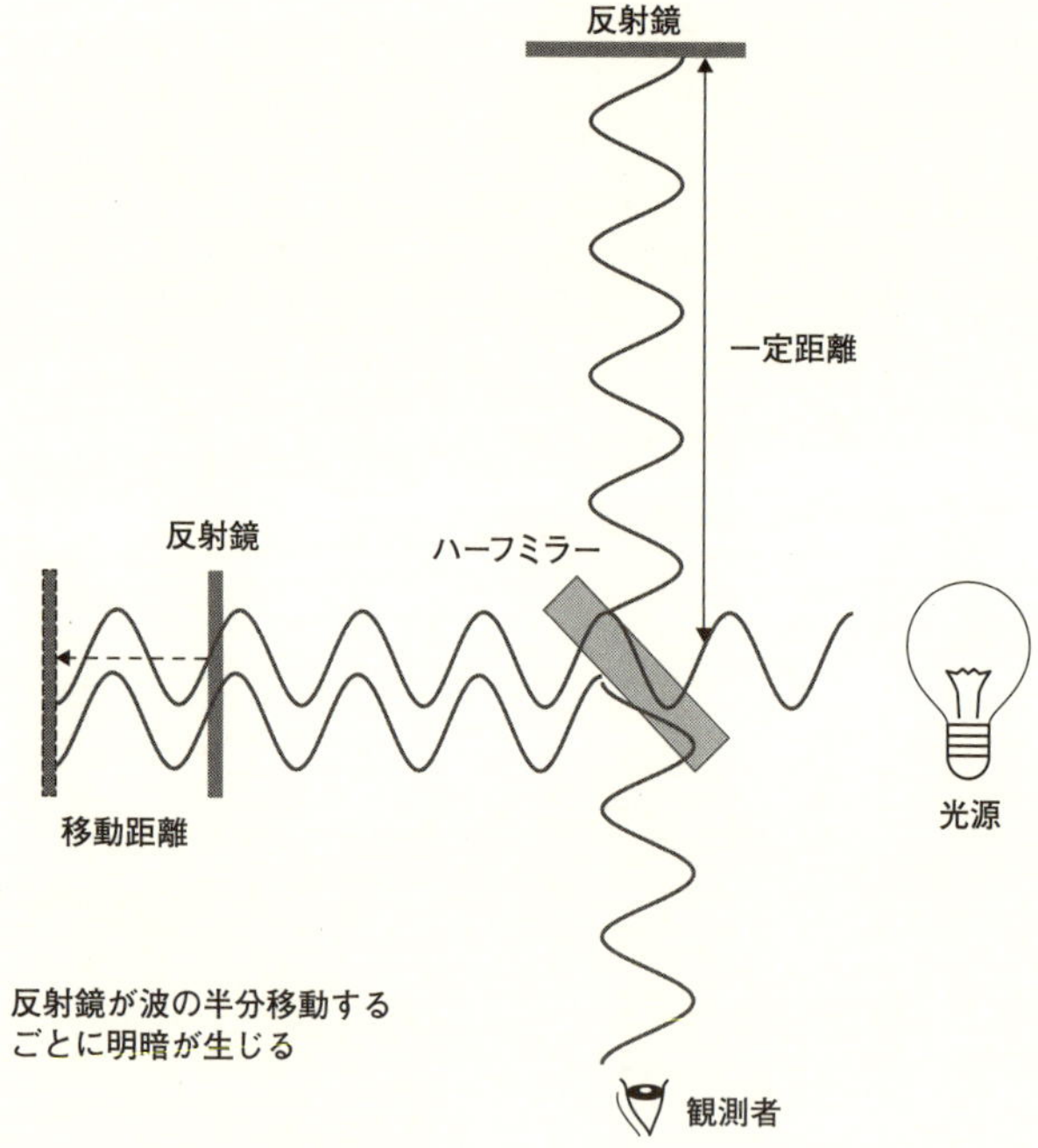

図3・4　光波干渉計の原理

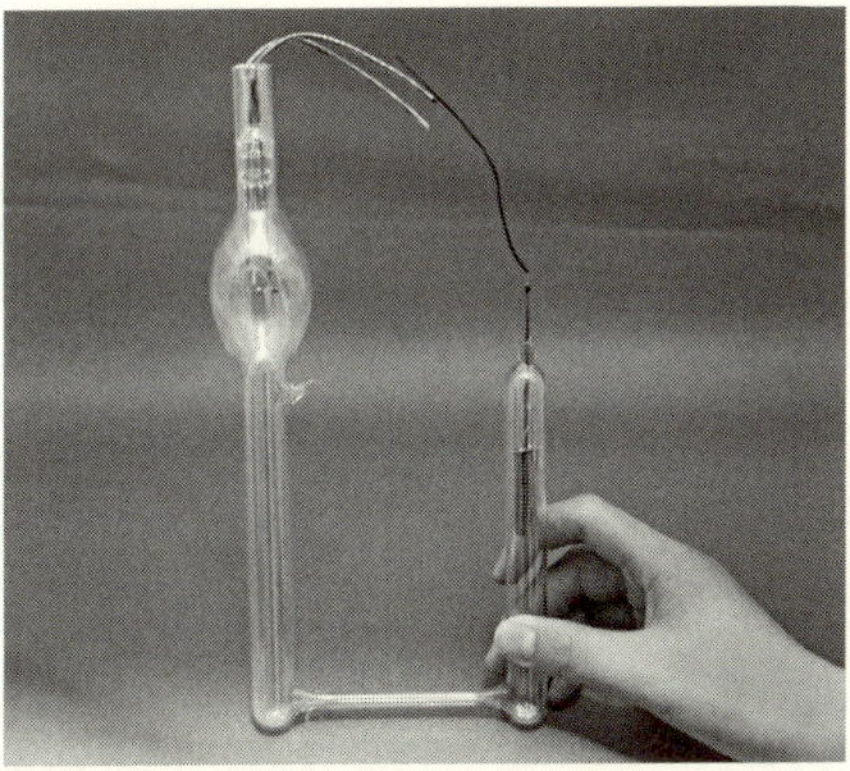

図３・５　クリプトンランプ（写真：産業技術総合研究所）

てしまいます。規則的で、細い目盛り線とするためには、混じりけのない光を作り出す必要がありました。

さて、最近は消費電力が小さく寿命も長いＬＥＤ（発光ダイオード）に置き換えられつつありますが、夜間の広告灯などに用いられるネオンサインをご存じでしょうか。赤い色を発色するものがありますが、これは管内に閉じ込めた、薄いネオンのガスに高電圧をかけて発光させています。ネオンだけでなく、様々な原子のガスが同様に発光し、ガスの種類によって色が異なります。そこで光のものさしに適当な、混じりけのない光を発生するガスの組み合わせが検討されました。いくつかの候補の中から、最終的に波長の安定したクリプトン原子が出す橙色の光が選ばれました（図３・５）。そして１９６０年、メートルの定義は「決められた条件下のクリプトン86の波長の１６５万７６３・７３倍」と定められたのです。

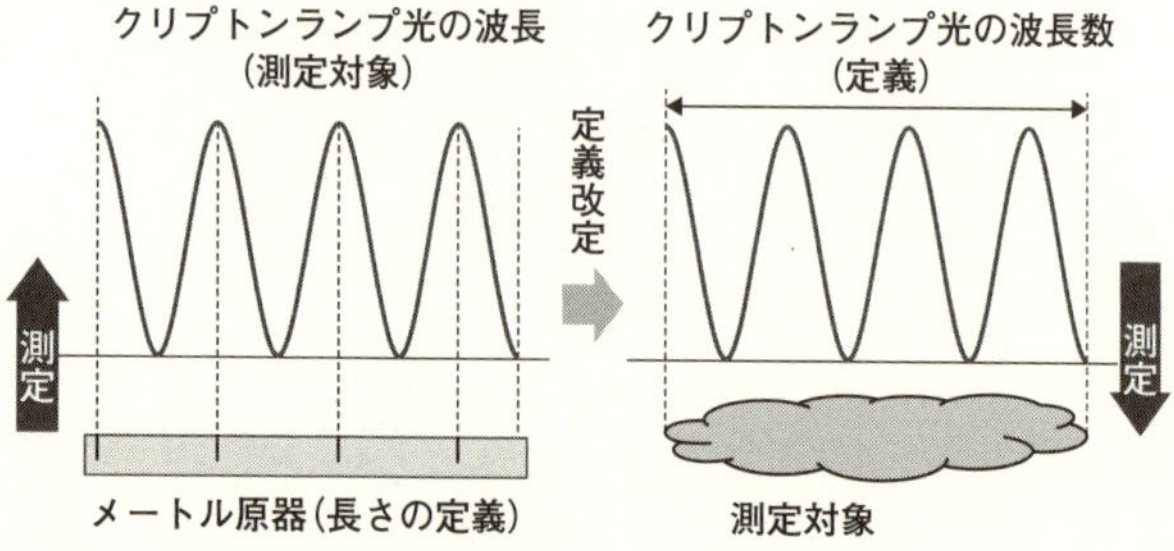

図３・６　長さ定義改定前後の関係

ここで定義が変わる前後で、１メートルの長さ自体が変わっては大変なことになります。この９桁にも及ぶ数は、科学者たちが１メートルあたりの波長の数を正確に比較した労力のたまものです。先ほどの読み取る装置に当てはめれば、１メートル鏡を移動する間にぴったり１６５万７６３回と半端な０・７３回分に相当する光の明暗が観察されるというわけです。

もう一度整理すると、

①クリプトンランプの波長が今ある１メートルあたり何個あるか測定する
②クリプトンランプの波長が決定される
③以後はクリプトンランプの波長を基準に１メートルを定義する

としたことになります。最初は測定対象であったクリプトンランプの波長が、測定した結果今度はそれを基準にしてメートルが定義されたわけです（図３・６）。本書ではこれからも、このように最初は測定対象であったものが逆に定義になる、という関係が出てきます。この関係を良く覚えておいてください。

１波長を長さに換算すると、６０６ナノメートルほどになります。１０００万分の６・０６メートルに相当する微小な目盛りができ上がったのです。実際には目盛りに相当する光の明暗をさらに細分化して観察することで１メートルあたりナノメートル（10億分の１メートル）レベルの精度がもたらされました。それまでのメートル原器による精度が１メートルあたり０・１マイクロメートル（１０００万分の１メートル）でしたから、これによって長さの測定精度は一気に数十〜１００倍良くなったことになります。また、精度が上がるだけでなく、原器に依存する必要もなくなりました。技術さえあれば、正確に長さを測れ、その結果は光の波長を介して同等であることが保証されるのです。

レーザーの出現

特定の原子が発光する光の波長によって、理想的な基準を得られたかに見えた長さの測定ですが、現実にはいろいろと問題がありました。基準となったクリプトンランプは壊れやすく、干渉波形も読み取りにくいなど、取り扱いが難しいのです。

そこでクリプトンランプに代わる光源が引き続き検討されていました。そんななか、１メートルの定義が変更された１９６０年に、レーザーが発明されます（アメリカ・ベル研究所が特許を

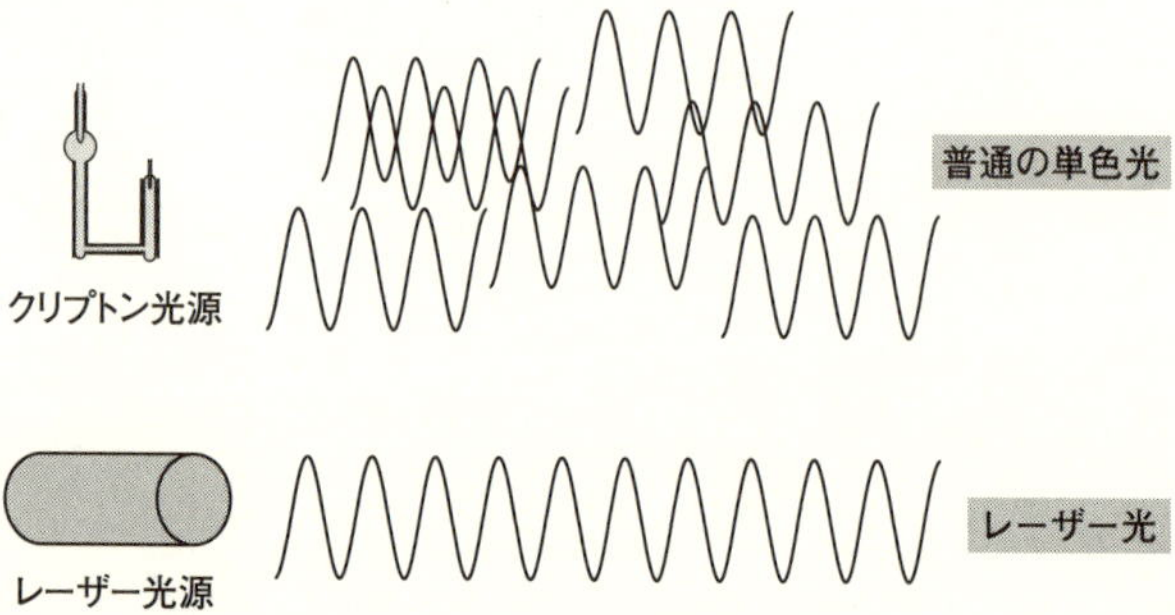

図3・7　普通の単色光と位相の揃ったレーザー光

取得)。レーザーとは、ガスや固体に電磁波を当てると、加えられた電磁波のエネルギーが特定の光となって増幅されて出てくる現象です。レーザーから生まれる光は、波長と位相が整った、人工的にしか得られない光です。

波長はすでに説明しました。光という波の、山と山、谷と谷に相当する間隔です。ものさしにするためにはこれが等間隔でなければならず、そのためには混じりけのない単色光にする必要がありました。しかし、光源から次々に送り出される波が、必ず同じタイミングで送り出されるとは限りません。このタイミングを位相と言います。位相が揃っていないと、干渉したときの位置がばらつき、長さの精度が劣ります。光のものさしの目盛りが太く滲《にじ》んでいるようなもので、読み取り精度が悪化するわけです(図3・7)。

少し詳しく説明すると、クリプトンランプに限らず光源は光を発する無数の原子とみなせます。そして原子がエネルギーを得て、それを光として放出します。ひとつの原子が光を出すのは10億分の1秒に満たない、ごく短い時間です。いわば無数の原子が10億分の1秒ずつ明滅を繰り返すのが光源の正体です。

逆に言うと光の正体は、途切れ途切れの光の波が無数に集まった束のようなものなのです。原子1個1個はそれぞれのタイミングで光るので、個々の光の波は10億分の1秒に満たない間（この間に光は数～数十センチメートル進みます）しか続きません。このため普通の光源から出る光は、タイミングがばらばらな、さざ波のようなものなのです。

一方レーザーは個々の原子から出る光が、同じタイミングで発生します。しかもこれを次々に繰り返します。いわば原子1個1個が同じ音程で斉唱している合唱団というわけです。レーザーは、放っておくとまちまちに光という声を発する原子たちを、斉唱させる指揮者のようなものなのです。

レーザー光はその優れた性質から、様々な応用が広がりました。身近にはＣＤなどの光ディスクがあげられます。ディスクに記録された細かな情報を読み取るには、レーザーのような素性の優れた光が必須なのです。

光の速さへ

波長に加え、位相の揃った光を得られるレーザーは、長さの計測にも最適と思われ、早速様々な種類のレーザーが検討されました。そして年々波長と位相の安定性が向上していきました。この調子で行けば、適当なレーザーが長さの定義に置き換えられるだろうと思われました。

こうして、1983年にはメートルの定義が再度改定されました。しかしこのとき定義として採用されたのは、特定のレーザーを用いたものではなく、光の速さを基準としたものになったのです。

ここでもう一度光が波であることを思い出してみましょう。静かな水面に石を投げ込むと波紋が広がっていきます。この広がる速さが、光の速さです。速度は単位時間（秒）あたりに進む長さ、単位では「m／s（メートル毎秒）」ですから、時間を計れば長さが決まります。ちょうど不動産屋の広告で駅からの距離を「徒歩○○分」というようなものです。光の速さは不変なので、誰にとっても変わりない基準になって好都合です。

そこで1983年、長さの単位「メートル」は「光が真空中で2億9979万2458分の1秒の間に進む距離」と定義されました。これまた大変な桁数ですが、これもクリプトンランプのときと同様、定義の改定前後で1メートルの長さ自体が変わらぬよう、慎重に計測された結果なのです。

もう少し詳しく言うと、当時の1メートルにおける最高精度の測定能力が4ナノメートル程度（10億分の4メートル）でした。それを踏まえて秒速約3億メートルの光の速さが9桁までもれなく測定できた（10億分の3に相当）ので定義改定に進んでも支障がない、と判断したのです。

ちなみに光の速さの測定には図3・8のようにいくつかの方法が考えられました。いちばんわかりやすい方法は、一定の距離を光が進んだ時間を計る方法です。有名なものではフランスの物理学者、フィゾーが行った光歯車の実験があげられます。これは回転する歯車をシャッターのように働かせて、光が遠く離れた鏡で反射して戻ってくる時間を、シャッターの開閉時間で割り出すという巧みな方法です。

その後無線技術が進歩するにつれ、波長が長くて扱いやすい電波を使うなどして速度測定の精度が向上しました（光も電波も同じ電磁波で、速度は同じです）。

ここでも、

①光の速さを、その時点の長さの定義であるクリプトンランプの波長に基づいたメートルで測定する

②光の速さが秒速2億9979万2458メートルと決定される

③以後は光の速さを基準に1メートルを定義する

としたことになります。最初は測定対象であった光の速さが、測定した結果、今度はそれを基準にしてメートルが定義されたわけです。光の速さはもはや測定するものではなく、決まり事となりました。そこに最新の技術が投入され、細心の注意を払って新たな定義が定められたことは言

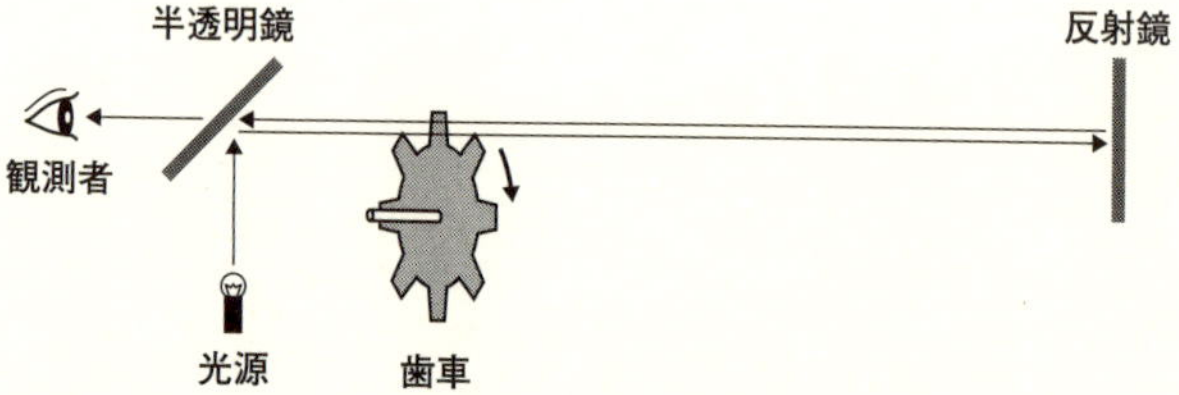

1849年にフィゾー(A. H. L. Fizeau)が行った光の速さの測定。光が遠方に置いた鏡まで伝播して返ってくる間の時間を測定して速度を得た。

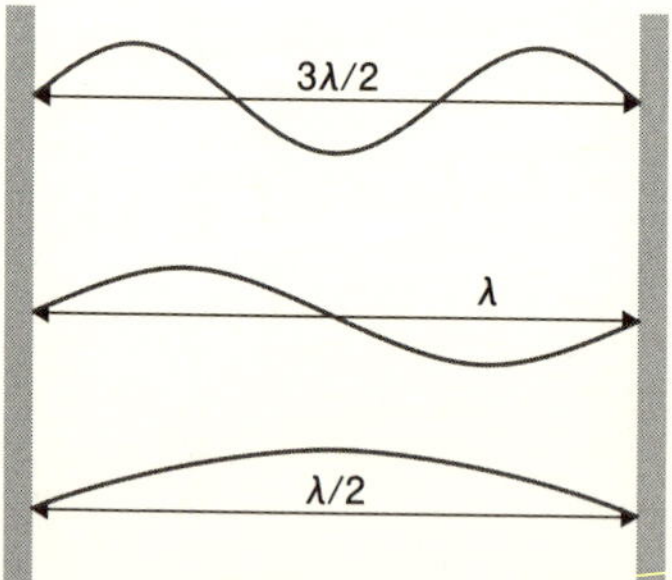

電磁波の共鳴を用いた光の速さの測定。既知の間隔で、ある周波数の電磁波が共鳴したとき、波長が決定できる。光の速さは波長と周波数の積で得られる。

図3・8　光の速さの測定

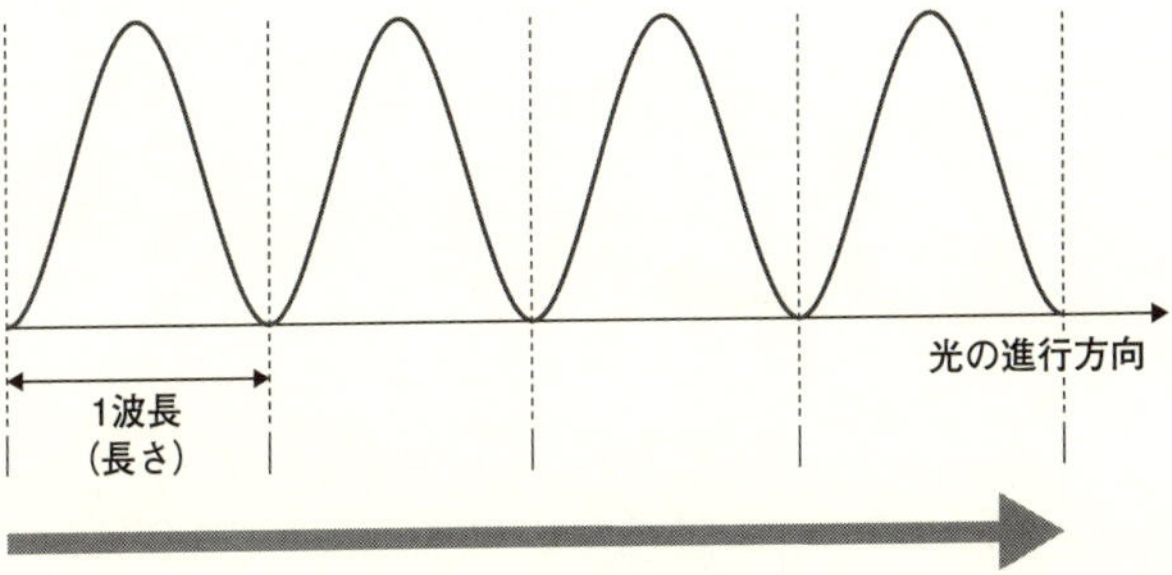

$$光の速さ=\frac{進んだ距離}{時間}$$

$$\frac{光の速さ}{波長}=周波数$$

図３・９　光の速さ、波長、周波数の関係

うまでもありません。

この定義通りに長さの測定を行うためには、光（電磁波）が測定対象となる長さを伝わる時間を測定して、その経過時間から算出することになります。この方法は、非常に大きな長さの測定の場合には大変有効です。実際、月と地球の距離は、アポロ月着陸船が月面に設置してきた鏡に向けて放った光が地球に戻ってくるまでに掛かる時間から、数センチメートルの精度で測定できています。ところが数メートル以下の長さ測定となると、光の速さがあまりに速いため、測定すべき時間が非常に短くなり、定義通りの測定で高い精度を実現することは難しくなります。

でも心配いりません。うまい方法が控えています。ここで光が電磁波という波であること、速さが決まっていることから、波長（真空波長）は1秒あたりの振動数（周波数）を用いて、「波長＝光の速さ÷周波数」で求めることができます。定義で1秒あたりの真空波長をメートルの定義に従って決定するためには、光の周波数を測定すれば良いことになります（図3・9）。

レーザー光は、電波のように一定の周波数をもっていて、原理的には周波数の測定が可能です。つまり光の波長は、レーザーの周波数測定を行うことにより、メートルの定義に従って決定することができるのです。波長がわかればクリプトンランプのときに説明した光波干渉計で正確な長さを測ることができます。このとき、長さの基準となるのは光の波長ですが、定義にはなんら反していません。しかも、レーザーの技術が発展してより優れたレーザーが現れたら、定義を変えることなくその恩恵を受けられるのです。

光の速さによる長さの定義は、レーダーのように光の伝播《でんぱ》時間から長さを測定する方法、干渉計のように波長を基準とした測定法の両方に対応した巧みな定義、ということができます。

ここで定義の変遷によって得られたメリットをまとめておきましょう。1983年に採択された定義によって、

①光の速さという不変で誰でも活用できる定義となった。原器の損傷、紛失という懸念もなくなった

②光の飛行時間、光波干渉など、様々な技術による現示を可能にする汎用的で、その後の技術

表3・1　メートルの定義の変遷

	メートルの定義		実現精度
1795年	子午線	北極点と赤道との間の子午線の弧の1000万分の1。	±60 μm (±6×10^{-5})
1889年	原器	国際度量衡局が保管する国際メートル原器に印された2本の目盛り線の中心間の、温度0℃のときの距離。	±0.1 μm (±1×10^{-7})
1960年 昭和35年	光の波長	決められた条件下のクリプトン86の波長の1650763.73倍。	±10〜1 nm (±1×10^{-8}〜10^{-9})
1983年 昭和58年	光の速さ	1秒の299792458分の1の時間に真空中を光が進む距離。	±0.1 nm (±1×10^{-10}) 後に ±20 pm (±2×10^{-11})

発展を許容する定義である（これが特定の波長を有するレーザーであれば、それより優れたレーザーが出現したときにまた定義の改定が必要になってしまう）

③様々な技術による現示を可能にすることで、光の波長レベルから衛星間レベルの距離まで計測可能である。対象に応じた最適な方法で精度を維持できる（これがメートル原器だと、定義から離れた長さほど誤差が累積されて精度が悪化してしまう）

などの利点がある理想的な標準を得ることになりました。特に2番目のメリットは重要で、1983年の定義改定直後こそ、それ以前と比べて1桁程度の精度向上でしたが、その後の様々な技術開発により今では1メートルあたり20ピコメートル（ピコは1兆分の1）というレベルに到達しています。これは地球の直径（約1万2700キロメートル）に対比させても0・26ミリメートルと、シャープペンシルの芯の太さにも満たない、究極の精度なのです。

定義の改定によって飛躍的に精度が向上した長さ測定は、ナノテクノロジーなどの新しい産業を可能にし、また基礎科学にも新たな知見をもたらすツールとなりました。例えば2016年にはじめて観測された「重力波」の検出にも、図3・4に示したものと原理的には同様な、光波干渉計が用いられています。空間のゆがみとして伝わる重力波を、光波干渉計によって距離の変化として検出しているのです。

光の速さ自体が定義になったので、以後は光の速さを測ることが無意味になりました。それで良いのです。なぜって光の速さは不変ですからね。こうして原器をひとつ減らすことができ、光の速さという全宇宙・未来永劫にわたって不変であるものを単位の基にすることができたのです。

第4章

原器から原子へ

―キログラム原器の受難

質量とはなにか

私たちは日常、「質量」と言うよりも「重さ」、「目方」と表現する方が多いのではないでしょうか。しかし重さや目方というのは曖昧な言葉です。人が体重計に乗ったとき50キログラムの目盛りを指したなら、体重計が50キログラム重の力を受けているということです。ここで単位が「キログラム」ではなく、「キログラム重」であることに注意してください。これは重力単位系といって、地球上で受ける引力を前提としたときの表現法です。「kgf（キログラムフォース）」と表記するときもあります。

地球上で暮らすことがあたりまえの私たちにとっては、「重量（物質に働く引力）」として「質量」を認識していますし、それで普通は混乱しません。地球上で50キログラム重の引力を受ける物体の質量は50キログラムというわけです。ところが引力が6分の1となる月の上では約8キログラム重の力しか受けません。

また、地球上であっても、場所によって引力はわずかに異なるので重量も異なってしまいます。これでは質量の本質を測っていることにはなりません。

重い・軽い、という、地球にへばりついている私たちにとっての実感であった重量を、力と質量に区別して体系化したのはよく知られるとおりニュートンです。リンゴが木から落ちるのを見

力　質量　加速度

$$F = ma$$ ………式4・1

万有引力定数　質量

$$F = G\frac{Mm}{r^2}$$ ………式4・2

距離

て、リンゴも地球も引き合っている一方で、リンゴは動きやすく、地球は動かしにくいからリンゴが地球に向かって落ちていくのだ、とニュートンは看破しました。彼はこのことを2つの式で表しました。

そのひとつは運動方程式〔式4・1〕です。運動方程式の意味するところは、質量mの物体に働く加速度aを大きくするほど、大きな力Fを必要とする、といえますし、同じ加速度を発生するにも、質量が大きいほど大きな力を加える必要がある、ともいえます。

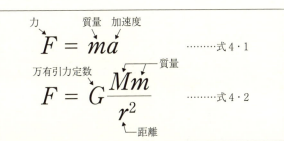

もうひとつは万有引力の法則です。質量Mとmの2つの物体が距離r離れているときに相互に働く引力は〔式4・2〕で表せます。すなわち万有引力は2つの物体の質量に比例し、その距離の2乗に反比例します。ここでGは万有引力定数と呼ばれる物理定数で、その単位は$m^3\ kg^{-1}\ s^{-2}$となります。

2つの式はいずれも物体の質量と力を表したものですが、〔式4・1〕では質量は力を加えたときにその場にとどまろうとする、いわば動きにくさの度合い、〔式4・2〕では引力の源（比例要素）と言えます。このため前者を特に慣性質量、後者を重力質量と呼ぶことがあります。
同じ物体がもつ慣性質量と重力質量の同等性は実験的に確かめられており、通常は双方を区別せずに済みます。起源が異なる慣性質量と重力質量が同じというのは、考えてみると不思議なことなのですが、そこは立ち入らないとして、これらの法則の下で質量はどのように測定できるでしょうか。

質量とは国際キログラム原器との比

先ほどの運動方程式〔式4・1〕から、未知の質量に既知の力を加えたときの加速度を測れば、質量が測定できることがわかります。加速度は現在では時間と長さという、正確に測定できる2つの基本量から決定できます。しかし既知の力を発生させるにはどうしたらよいでしょうか。例えば「ばね」を縮めれば反発力が発生しますが、その力を決定するために別の力の基準が必要となる、堂々巡りに陥ります。

万有引力の法則〔式4・2〕では、仮にMが地球の質量とするとmに働く力がわかれば質量を決定できます。しかしこの力を測るのも力の発生と同様、力の基準が必要となる循環論に陥ります。

しかしいずれの方法でも、ある物体の質量との「比」なら、天秤《てんびん》を使って正確に決定できま

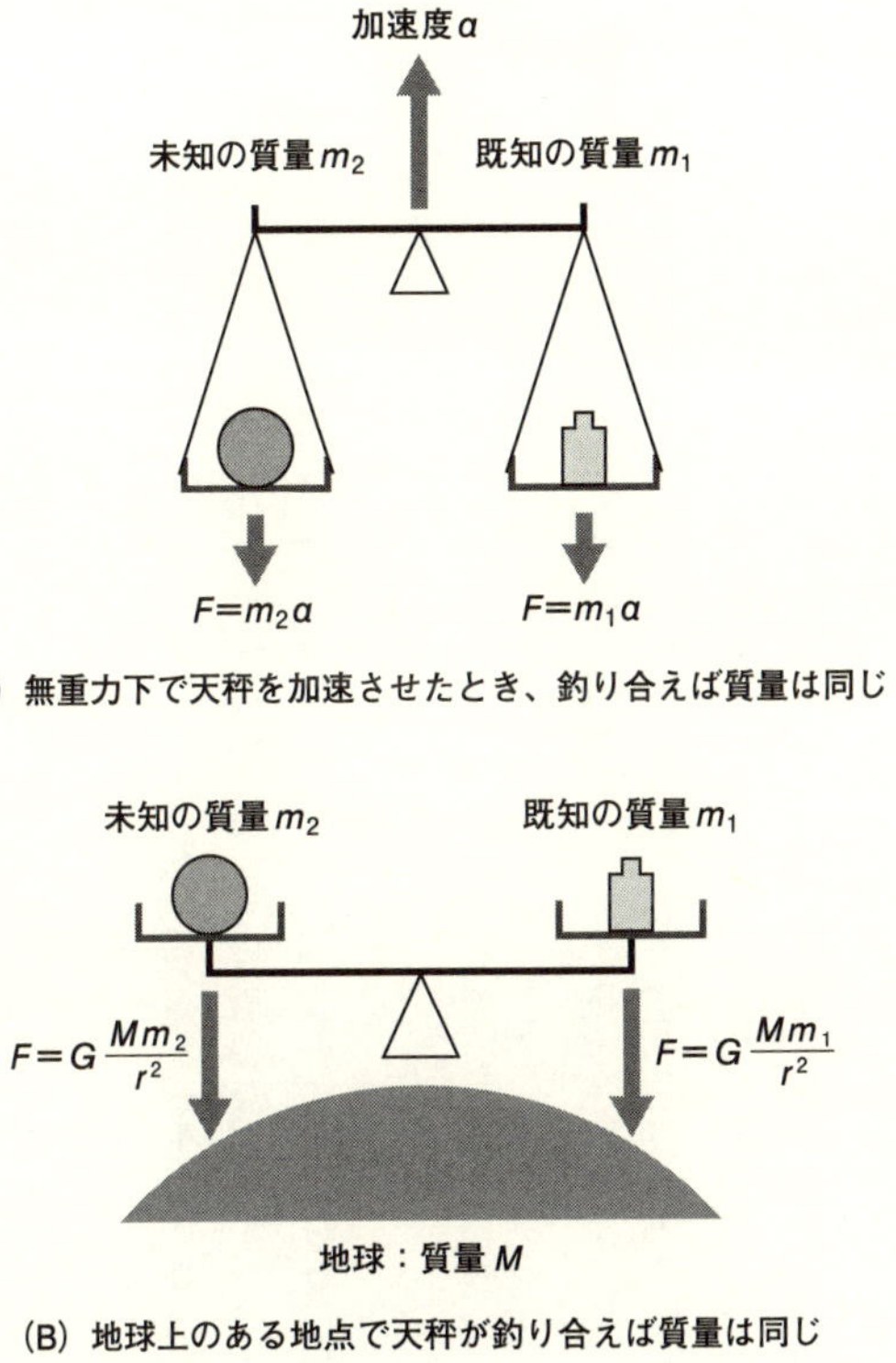

(A) 無重力下で天秤を加速させたとき、釣り合えば質量は同じ

(B) 地球上のある地点で天秤が釣り合えば質量は同じ

図４・１　天秤による基準質量と未知の質量の比較

す。例えば無重力空間の宇宙船内であっても、天秤に加速度を加えたとき、既知の質量と未知の質量が同じなら、天秤は釣り合います（図4・1Ⓐ）。

また地球上なら、物体に働く鉛直方向の重力は質量に比例するので、2つの質量が同じなら天秤は釣り合います（同図Ⓑ）。

こうして最初に基準となる物体を決めれば、他の物体の質量を基準との比として決定していくことができます。この基準となる物体こそが国際キログラム原器なのです。そして基準と比較する天秤は、極めて分解能の高い比較器で、現在の最高精度の天秤では100億分の1の違いを検出できるのです。

「天秤」と「はかり」

天秤（上皿天秤）は、2つの質量を比較する装置です。先ほど述べたように、100億分の1の違いであっても検出できます。これは大変な感度で、例えば現在の地球の総人口は70億人あまりですが、総人口をすべて載せられる天秤から、平均的な体重の1人が乗ったり降りたりしてもその違いがわかる、というレベルです。ただし、天秤はあくまで2つの質量の違いを比較するだけであって、絶対的な質量を計測できるわけではありません。必ず基準となる質量（分銅）がなければ質量を測定できません。

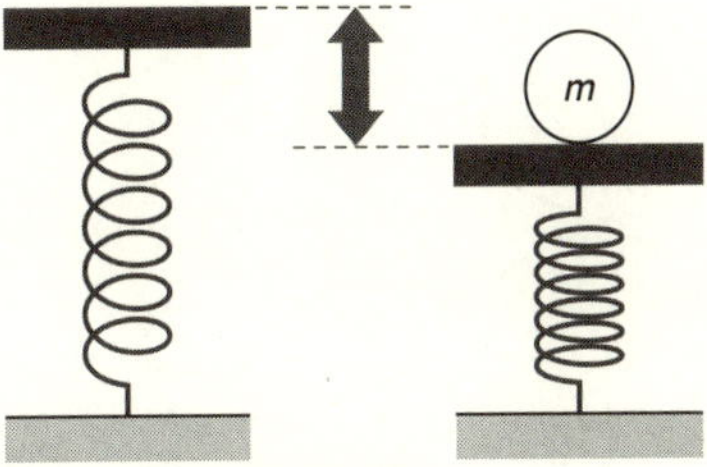

図４・２　はかりの原理

これに対して体重計やキッチンスケールなどの「はかり」は、質量に働く引力、すなわち重量（キログラム重）を測定しています。重量に応じてばねが縮むのを目盛りに表示したり、それを電気的に検出して質量として表示したりしているのです。はかりは便利ですが、質量そのものを測定しているわけではありません。あくまで引力で生じた「力」を測定しているのです。また、はかりの目盛りは、必ず既知の分銅で校正する必要があります。そしてはかりの原理から理解できるとおり、はかりは引力が異なると質量を正確に測定することができません。先ほども示したとおり月面では引力が地球の約6分の1なので、同じ質量でも6分の1の測定結果になってしまいます。地球上であっても、厳密には標高や緯度によって重力が異なるので、はかりの測定値に影響します。高性能な精密はかりでは、重力の変化分を補正する機能がついています。

キログラム原器の概要

キログラム原器は第3章で紹介したメートル原器同様、１８８９

年に製作され、国際度量衡局には国際原器が、そして各国にはコピーが配付されました。材質もメートル原器と同じ、白金90％、イリジウム10％の合金です。外径、高さともおよそ39ミリメートルの円柱形をしています。メートル原器では熱膨張が問題になりましたが、質量の場合は温度が変わっても質量が変化する心配はありません。ただし埃《ほこり》がついたり傷がついたりしたら質量が変わってしまいます。そこで国際度量衡局の国際原器はもちろん、各国のキログラム原器も安定した環境で不純物や傷がつかぬよう、厳重な管理を施されるのが普通です。日本の場合、キログラム原器は、産業技術総合研究所のとある建物にある、鉄の扉と鉄格子で三重に仕切った部屋の奥に保管されています。もちろん24時間365日空調を効かせて一定の温度、湿度に保たれています。さらに他の金属と原器が接触しないように、石英皿の上に載せた状態で保管するなど、細心の注意が払われています（図4・3）。

次に原器の値を他の分銅にコピーする、天秤について見ておきましょう。前述の通り天秤は極めて感度が高く、国際キログラム原器の質量を正確に他の原器にコピーすることができました（図4・4）。第3章で述べたとおり、メートル原器をコピーする不確かさは1000万分の1メートルでした。これに対してキログラム原器をコピーする不確かさは、天秤の感度と相まって10億分の1キログラム程度とはるかに優れており、当時キログラムは「標準の女王」と呼ばれたほどでした。10億分の1キログラムとは、1マイクログラム。指紋1個の皮脂量が50マイクログラ

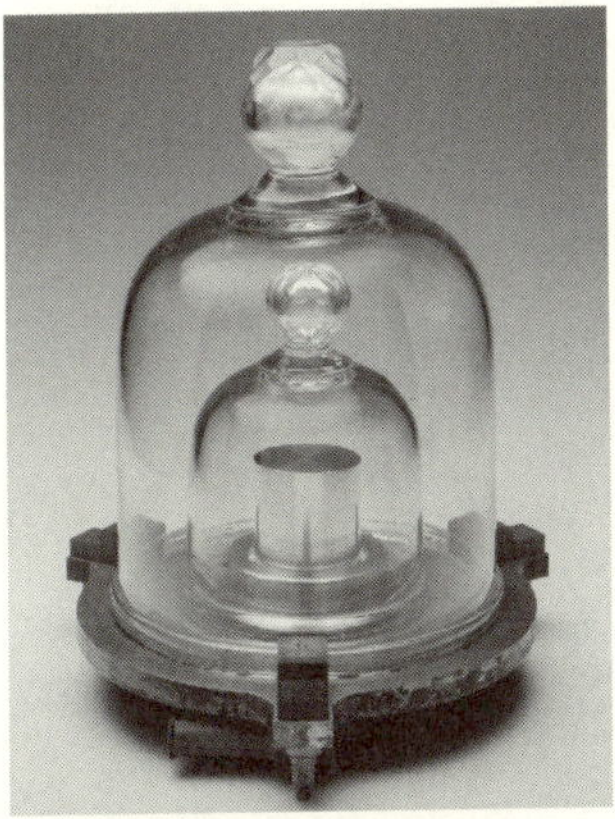

図４・３　日本国キログラム原器（写真：産業技術総合研究所）

図４・４　原器用天秤（写真：産業技術総合研究所）

ムほどに相当する、といわれているので、それにも満たないレベルです。それだけごくわずかな違いを管理できるということです。

原器を扱うときに破損や摩耗の危険があるのはメートル原器のときと同じなので、そう頻繁に校正できるわけではありません。それでも30年に一度の割合で各国に配付したキログラム原器をパリに集めて国際キログラム原器との校正を行えば、十分な精度が維持できると期待されました。そしてこのような標準供給体系は当初10万年持つと思われたのです。

落日の女王

国際キログラム原器は、文字通り世界のキログラムを決める唯一の分銅です。

もしこの分銅の質量が揺らいでいるとしたら、すべての質量測定がそれにつられて変動してしまうことになります。当初10万年持つと目された国際キログラム原器でしたが、その後100年以上を経るにつれて、どうやら表面に不純物が吸着するなどの影響により、ごくわずかですが質量が変わっていることがわかってきました。

前述したとおり、国際キログラム原器と各国のキログラム原器とは、30年に一度の頻度で校正することにしました。最初がキログラム原器を各国に配付した1889年です。国際キログラム原器を用いた2回目の校正は1930年代から始まりましたが、第二次世界大戦の影響で中断され、1946年に改めて行われました。そして3回目の校正は1991年に行われました。

国際キログラム原器はただひとつの存在ですが、国際度量衡局には同様に作られて同じ環境で保管している副原器があります（図4・5）。1889年、1946年、1991年の校正の際には、そのような副原器6つも、国際キログラム原器と比較校正されました。図4・6は国際キログラム原器に対するそれら副原器の質量変動を示しています。多くの副原器が単調に「重く」なっているように見えます。その大きさは1889年を起点にして最大50マイクログラム（1億分の5キログラム）程度に相当します。ちょうど指紋1個相当です。逆に国際キログラム原器が「軽く」なっているのかもしれないのですが、質量は相互比較でしかないのでどちらの質量が変動しているかは決められないのです。天秤は必ず基準となる質量が必要であることを思い出してください。もし変動していても、定義に従って「国際キログラム原器」の質量を1キログラムとするしかないのです。

図4・5　国際キログラム原器（中央）と6つの副原器（写真：Courtesy of the BIPM）

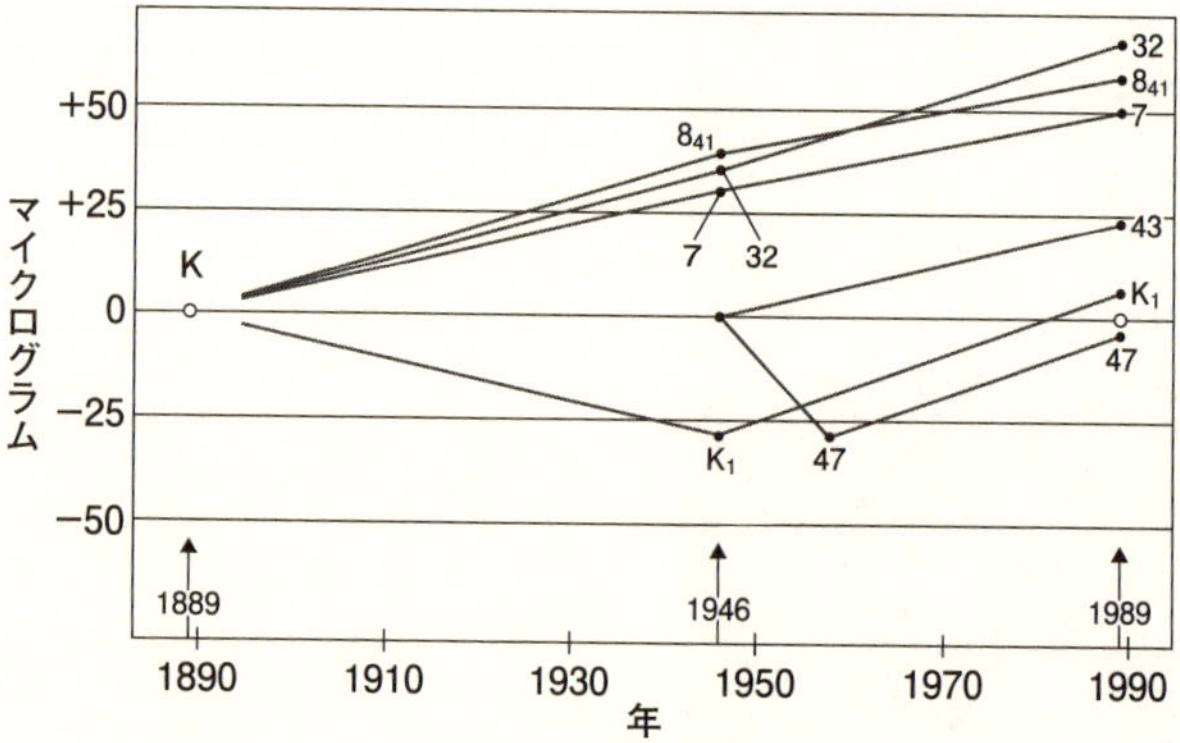

図4・6　国際キログラム原器と6つの副原器（副原器番号K_1、7、32、43、47、8_{41}）の比較

このような変化が生じた原因として、表面を洗浄したとき（キログラム原器は空気中の埃などの不純物を洗い流すために水蒸気などで洗浄する必要がある）の影響が考えられていますが、本当のところは良くわかっていないのです。

ともかく、当初10億分の1程度と思われたキログラムの比較精度は、キログラム原器自体の揺らぎから1億分の5程度しかないことがわかってきました。時間の経過とともに精度が悪くなった、唯一の標準という不名誉な地位に甘んじることになったのです。

キログラムが標準の女王と呼ばれた時代は過ぎ去りました。それでもそれに代わる標準がないという理由のために、1889年以来、唯一の原器として在位し続けているのです。

大変手間の掛かる校正

国際原器による校正は、大変手間の掛かる作業です。国際キログラム原器が保管されている部屋の扉には、3つの異なる錠が掛かっています。開けるためにはまず、それぞれの錠を開ける鍵を持つ3人が立ち会う必要があります。その3人とは国際度量衡局の局長、フランス国立中央文書館の館長、そして国際度量衡委員会の委員長です。「はじめに」で紹介した、年に1回の検査のときもこの3人が集まるのです。

金庫の中の原器はさらにガラスの容器で守られています。このガラスの容器を開けて原器を使うのは、前述の通り30〜40年に1回のことなのです。そのとき原器は定められた方法で洗浄され、測定室に移され、いよいよ測定装置の天秤に載せられます。担当者の緊張は極限に達するでしょう。

国際度量衡局においての原器の取り扱いは、このように大変手間が掛かりますが、各国の原器もその点は同じです。2014年に公開された、ノルウェーの国家計量標準機関（NMI）に勤める女性が主人公のノルウェー映画、「1001 Grams」（邦題：1001グラム　ハカリしれない愛のこと）では、主人公が自国のキログラム原器をパリに携行し、国際度量衡局で校正してもらうことからドラマが始まります。そして空港の税関で、原器を入れた容器を前に、中身を検《あらた》めよう

図4・7　映画のワンシーン（写真：Bulbulfilms/Alamy/PPS通信社）

とする係官と押し問答になるシーンが出てきます（図4・7）。何しろ質量が変わってしまうので、原器に触られまいと必死な主人公と係官のやりとりがユーモラスに描かれます。映画はフィクションですが、このシーンはあながち誇張ではありません。今日もどこかで原器を携えた研究者が、空港の税関で立ち往生しているかもしれないのです。

新しいキログラム原器を作る試み

国際キログラム原器の1889年以来の質量変化は、50マイクログラム程度と予想されます（あくまで副原器との比較による推測でしかありません）。分銅に指紋を付けてしまうと、50マイクログラム程度、質量が増えてしまいます。つまり指紋1個相当の変化が130年近くの間に生じたことになります。ごくわずかな変化です。しかし、このようにわずかな違いであっても、バイオテクノロジーやナノテクノロジーなどの先端分野では、許容できない不確かさになりつつあります。

またキログラム原器の不安定さは、質量だけの問題ではありません。質量は、基本単位の組み合わせによって定義される力や圧力やエネルギーの単位にも関わってきます。同様にワットやボルトといった電気に関わる単位も不安定になるのです。

基本単位はあらゆる量の、文字通り基本となる基準です。土台が揺らいでいたら、その上に技術を積み重ねていくことはできません。

それではキログラム原器に代わる新しい質量標準として、どのようなものが考えられるでしょうか。大きく分けて2通りの方法があります。ひとつは何らかの方法で既知の原子を多数寄せ集めて、キログラム原器の代わりを作ろうとするもの。もうひとつは、電磁気力によって発生させた力を用いて質量を定義しよう、というものです。ここでは前者の原子を多数寄せ集めることを考えてみましょう。

モルとアボガドロ定数

物質を分解していくと、ついにはそれ以上分解できない原子にたどり着きます。原子はその種類によって、固有の性質を持っています。原子1個あたりの質量も固有の性質のひとつで、元素の周期表では原子量として示されています。もし同じ原子を既知の数だけ集めたら、質量を正確に決めることができそうです。ただし、原子1個の質量は極めて小さいので、膨大な数の原子を集めなければなりません。

例えば炭素原子を6・02×10^{23}個集めると、ほぼ12グラムになることがわかっています（図4・8）。6の後ろに、0が23個続くような、途方もない数の炭素原子を集めてやっと12グラムになるのです。呼び方を変えると、6020垓《がい》個です。

ここで出てきた6・02×10^{23}という数は、アボガドロ数と呼ばれています（正確な値は第10章で紹介しますが、ここでは有効数字3桁までを示しておきます）。アボガドロ定数とは、イタリアの科学者アメデオ・アボガドロ（1776〜1856年）にちなんでいます。アボガドロは様々な気体を反応させ、その前後の体積比が単純な整数比になることを見いだしました。例えば水素と酸素を2：1で反応させると、水蒸気2が生じる、という関係です。

これは近代的な原子・分子説検証のきっかけともなりました。「同圧力、同温度、同体積のすべての種類の気体には同じ数の分子が含まれる」というアボガドロの法則でも知られています。彼の実験は22・4リットルの気体を基準に行われました。先の例を繰り返すと、水素44・8リットルと酸素22・4リットルを結合させると、水蒸気44・8リットルが生じた、ということです。

なぜこんな半端な体積かというと、22・4リットルの水素ガスが2グラム、酸素ガス32グラ

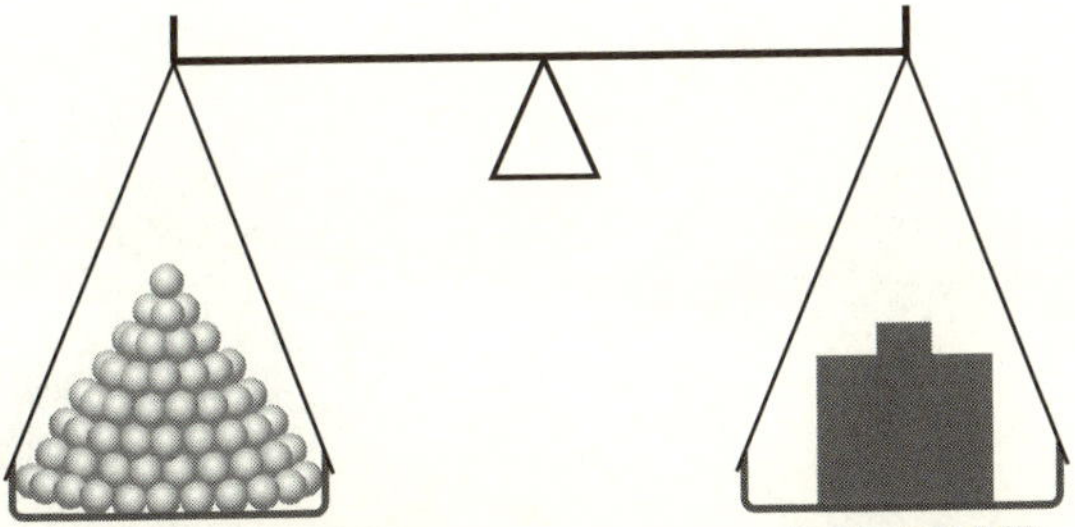

図４・８　既知の原子を既知の数だけ集めれば質量の標準ができる

ム、窒素なら28グラム、……と質量が切りの良い値になったからです。そしてこの体積の気体に含まれる分子（粒子）数がその種類によらず一定であるとみなしたのです。その数は後の科学者によって約６・０２×10^{23}であることがわかりました。原子や分子は目に見えない、微小なものですが、大きな数を集めれば体積や質量が人間にとって扱いやすい大きさになります。そこで、アボガドロ数に相当する一定の粒子の数を、「モル（mol）」という単位で示すことになりました。そして１モルあたりの比例定数という意味で、この数をアボガドロ定数と呼びます。数自体は文字通り桁違いですが、ちょうど「ダース」という単位が12個の集団を示す、ということと同じで、決まった数の集団に名前をつけたのです。ちなみにモルという名称は分子を示す、molecule（モレキュル）に由来しています。

炭素原子１モルが12グラムですから、炭素原子を12分の１０００モル（1000/12 mol）集めれば１キログラムというこ

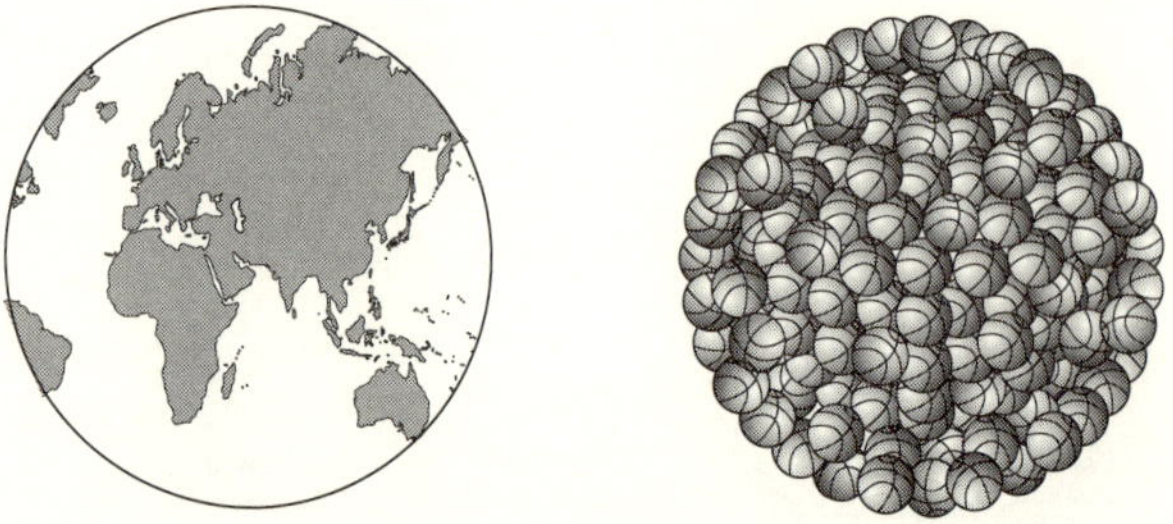
バスケットボールを１モル集めると地球の大きさになる
図４・９　１モルとはどれほどの大きさか

とになります。現在では原子間力顕微鏡と呼ばれる、原子と原子の間に働く力を観察する特殊な顕微鏡や、レーザーをピンセットのようにして原子を捕捉する原子トラップと呼ばれる技術により、原子1個1個を移動させたり数えたりすることが可能になっています。そこでこのような特殊な装置を使って、同じ原子をカウントし質量の基準を作り出すことが考えられます。いわばボトムアップです。

この方法の問題は、膨大な数の原子を数える必要があることです。6の後ろに、0が23個続く膨大な数がどれだけのものか、ちょっと見当がつかないですよね。もし1モル＝アボガドロ定数に相当するバスケットボールを集めたら、それは地球の大きさほどに相当します（図4・9）。どれだけ膨大か、少しは実感がわくでしょうか。

1モルとはどれほどの大きさか

本当にバスケットボールを1モル集めると地球の大きさほ

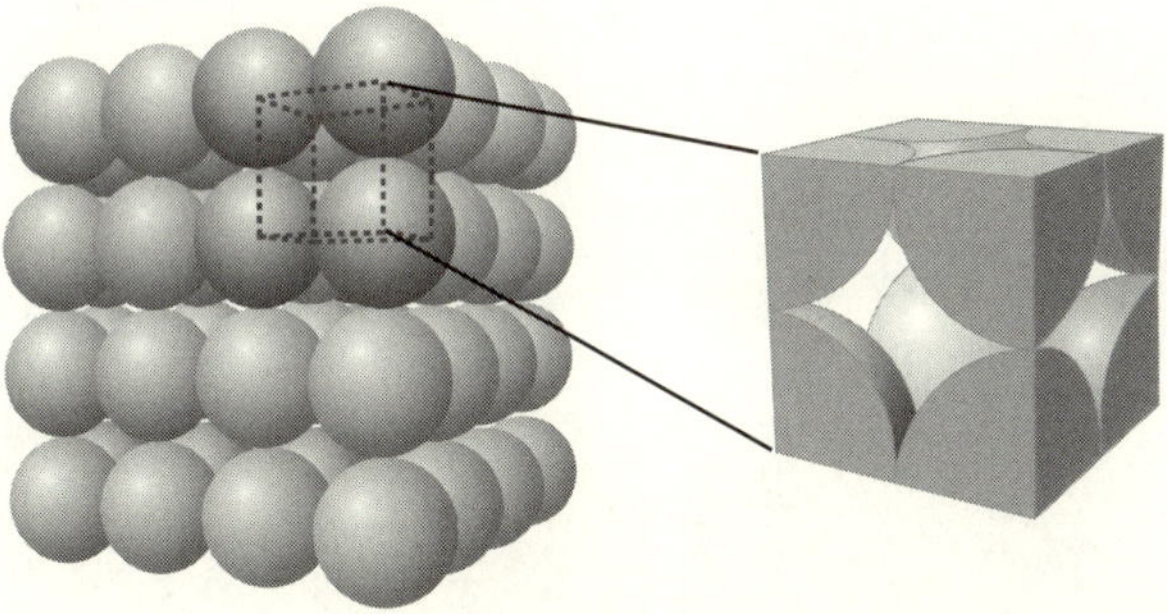

図４・10　並んだボールにできる隙間

どになるか、計算してみましょう。メートルは元々地球の大きさから決められました（北極点から赤道までの距離の１０００万分の１が１メートルでしたよね）。そこで地球を一様な球として考えると周囲は４万キロメートルに相当します。半径は2πで割って約６４００キロメートル。体積は4π掛ける半径の３乗割る３ですから、半径を代入すると約１兆９７５億立方キロメートルとなります。

一方バスケットボールの公式球は半径12・５センチメートルほどです。ここでは簡単に10センチメートルとしましょう。体積は約４１８７立方センチメートル、およそ４・２リットルです。単位が違うので位取りに注意して計算すると、双方の比は２・６２×10^{23}となります。

ここでバスケットボールをぎっしり詰めても、ボールとボールの間には図４・10のようにどうしても隙間ができてしまいます。

ボールが規則正しく図のように並んでいるとき、規則的な構造の最小単位は立方体になります（ボールの並べ方は他にもありますが、ここではいちばん簡単な並べ方にしています）。この立方体に注目すると、空間の中で実際にどれだけボールが占めているか計算することができます。ちなみに結晶構造におけるこのような最小単位を結晶格子と呼びます。

立方体の各頂点にはボールの8分の1に相当する部分があり、頂点の数は8ですから、ちょうど1個分のボールが含まれることになります。一方、立方体の体積は8リットルですから、半径10センチのボール（約4・2リットル）の占める体積は、52％となります。このことから地球の大きさほどにバスケットボールを隙間なく並べると2・62×10^{23}×100／52＝5・04×10^{23}と求まり、ほぼアボガドロ定数に相当する数になります。

なお、計算に出てきた規則的な構造の中で物質が占める割合を「充塡率」と呼びます。これは結晶のような微小な構造でも同じ考え方で計算できます。

ゴールは遠い

これだけの数を数えるのですから、膨大な時間が掛かります。仮に1秒間に1兆個（10^{12}個）の原子を数えても、数十グラムに相当する10^{24}個に到達するためには1兆秒（10^{12}秒）必要です。これは約3万年に相当し、とても現実的ではありません。

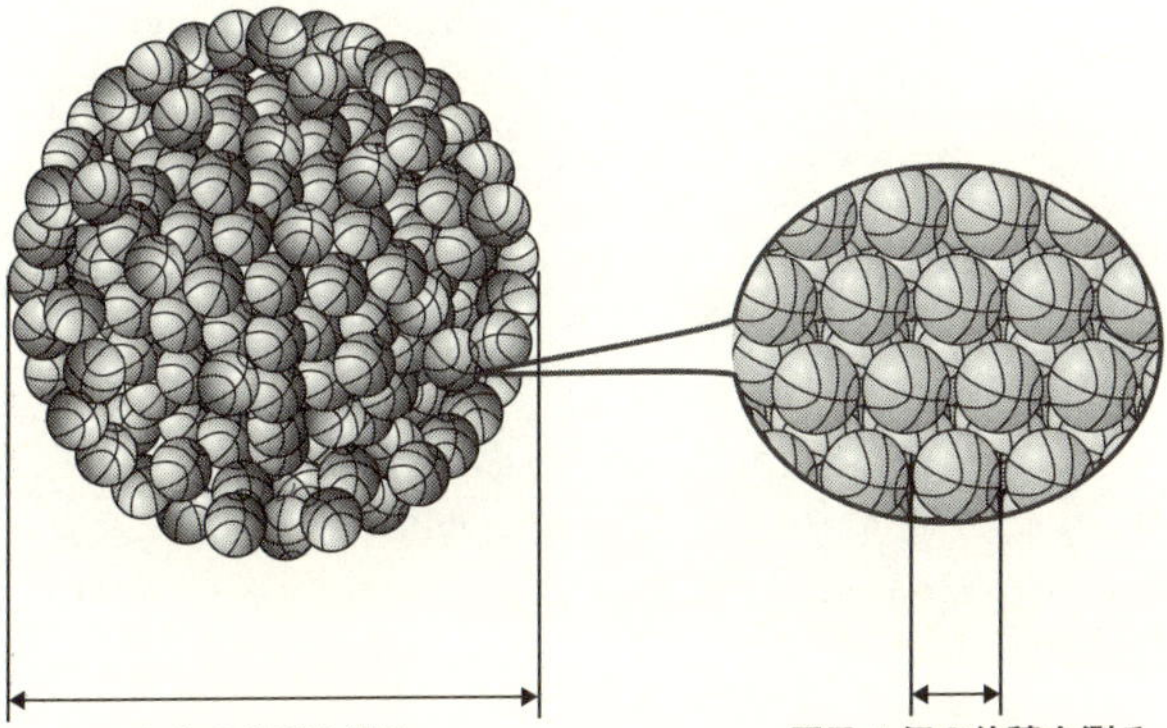

図４・11　全体の体積と原子１個の体積から集団に含まれる原子の数を測る

原子の数を調べる方法にはもうひとつ、全体の体積を測定して、原子の大きさが占める体積で割ることが考えられます。いわばトップダウンです。特に結晶は原子が規則正しく並んでいる、積み木のようなものですから、全体の体積を測定して、単位格子が占有する体積で割り、充填率を考慮すれば含まれる原子数を決定できます。バスケットボールの例で言えば、図４・11のように全体の体積を測定し、バスケットボール１個あたりの体積で割れば、含まれるボールの個数がわかります。この方法を可能とするポイントのひとつは、どれだけ純粋な結晶を作れるかにあります。そこで、半導体産業で培われた技術によって、現在最も純粋で完全な結晶が得られる、シリコン（ケイ素）を使った測定が行われ、この試みはうまくいくかに思われました。

ここで問題となるのが、同じ原子でも、同位体と

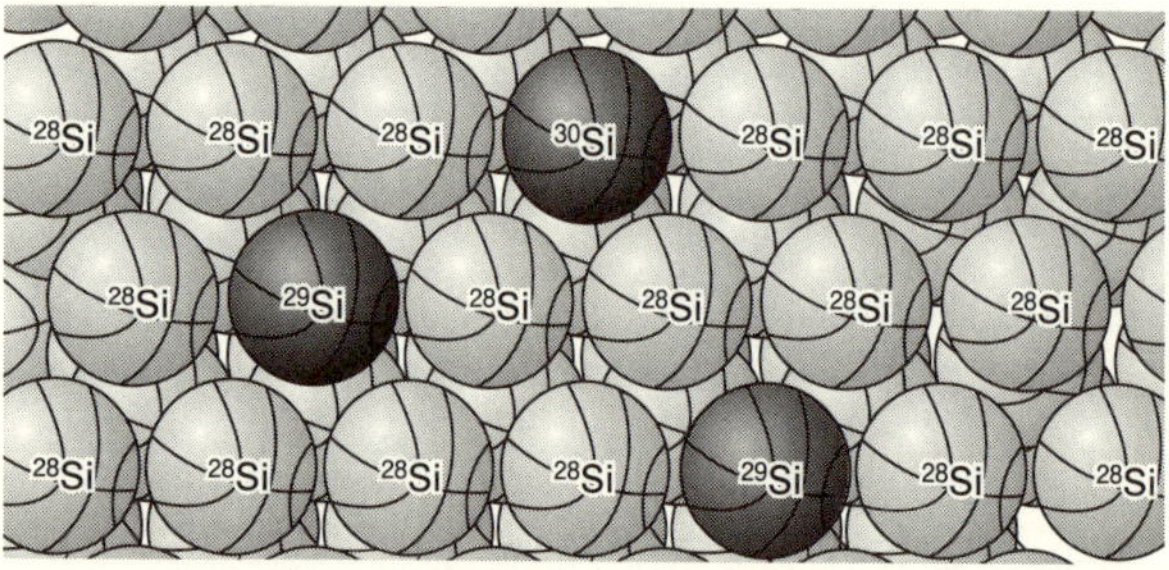

図4・12　見た目は同じでも質量の異なるボール（同位体）が紛れ込んでいる

いう、質量の異なる原子が存在することです。シリコンの場合、大多数を占めるシリコン28の他に、シリコン29、シリコン30という同位体が自然界に存在します。正確に原子の数を評価するためには、余分な同位体を排除するか、同位体の存在比を正確に測定する必要があります。ところが同位体は中性子の数が異なるために質量が異なる他は、化学的性質などがほとんど同じなので分離することも、存在比を正確に測定することも大変困難なのです。これでは原子の個数がわかっても、正確な質量は決定できません（図4・12）。

　このように異なる同位体が紛れ込んでいることから、原子数を決定する精度は1000万分の1レベルが限界でした。キログラム原器自体の揺らぎが1億分の5でしたから、これでは1桁精度が足りません。残念ながらキログラム原器に代わりうる、既知の原子を寄せ集めることは、事実上不可能かと思われました。

第5章

メートル法から国際単位系へ

——あらゆるものを測定対象に

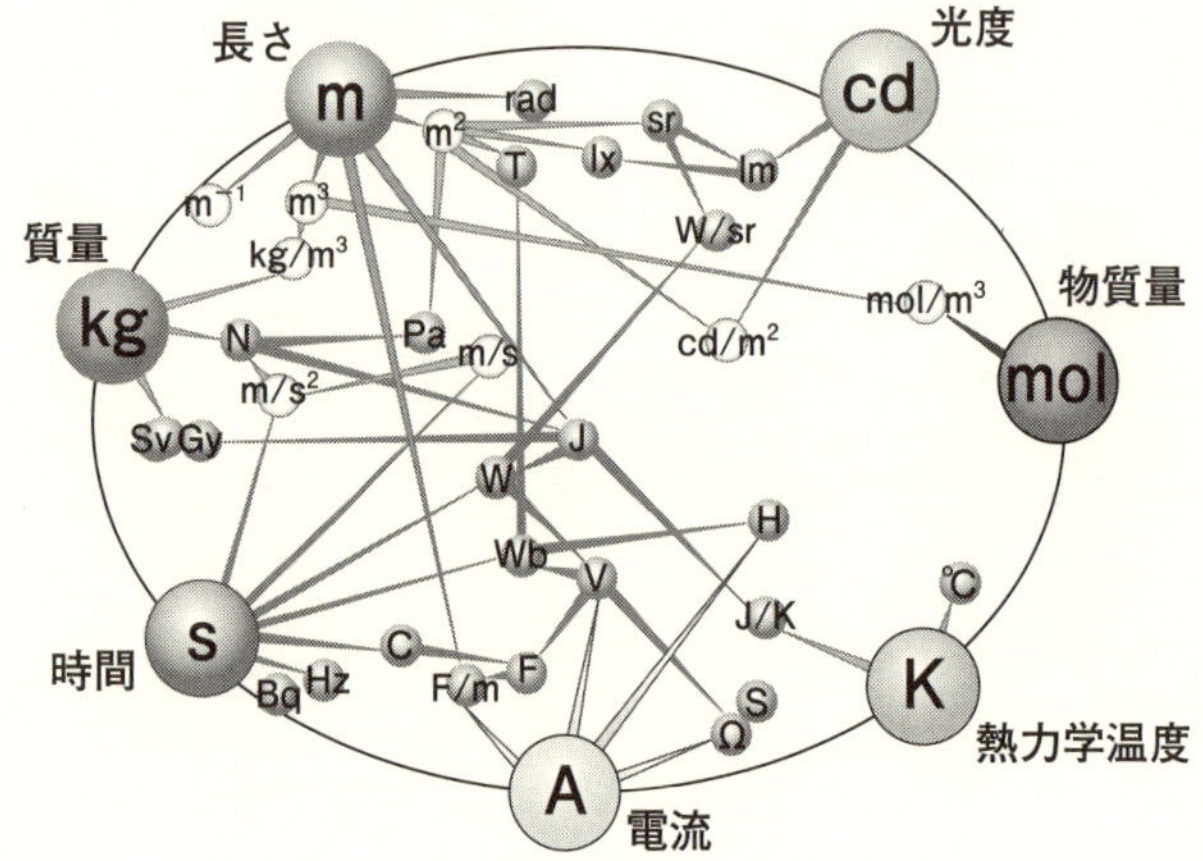

図5・1　国際単位系の基本７単位と様々な組立単位

基本7単位

メートル法は文字通り、長さの単位・メートルを決めることからスタートしました。その後発見されて応用が広がった電気や、化学物質なども測定対象として国際単位系として体系化されたのは第1章で触れたとおりです。もう少し細かく見ると1948年から1971年にかけてメートル法を拡張するかたちで、**電流**（アンペア：A）、**時間**（秒：s）、**熱力学温度**（ケルビン：K）、**光度**（カンデラ：cd）、**物質量**（モル：mol）が新たに基本単位として加えられました。

　このように当初からのメートルとキログラムと併せて、国際単位系の基本単位は7つ。図5・1に示すように、原則としてすべてこの7つの組み合わせで様々な量を表すことができるように考えられています。長さも、質量も、手に取れる、目に見える量ですが、時間、電気、温度など、目に見えない、手に取れない量も計測技術の進歩によって単位に加えられたのです。この意味でも科学が変わると単位も変わる、と言えるでしょう。本章ではこれら新たに加えられた単位を簡単に説明しておきます。なお、国際単位系を英語ではInternational System of Unitsと呼びます。さらにフランス語（Système International d'unités）の頭文字をとって、SIと呼ぶことがあります。

電流の単位・アンペア

物体が帯びる静電気は、古くからものを引きつける不思議な現象として知られていました。古代ギリシャでは琥珀《こはく》をこするとものを引きつける作用が生じることが記録されています。その後電気（電子）を初めて定量的に評価したのは、フランス人のシャルル・クーロン（１７３６～１８０６年）です。電気を帯びた物体の間に働く力が、物体間の距離の２乗に反比例すること、またプラスとプラスや、マイナスとマイナスでは斥力、プラスとマイナスでは引力が働くという「クーロンの法則」を発見し、電気の定量的な研究に道を拓きました。ちなみに「クーロン（記号はC）」は電気量の単位としてその名を今日に残しています。

電気を安定的に供給する電池を発明し、今日のエレクトロニクス社会への扉を開けたのは、イタリアのアレッサンドロ・ボルタ（1745〜1827年）です。ボルタは食塩水（電解液）に浸した紙を2種類の金属で挟むことで電気の流れが生じることを発見しました。そして電極に銅と亜鉛を、電解液には希硫酸を用いた、化学電池を発明しました。亜鉛は負の電荷を持つ硫酸塩（SO_4^{2-}）と反応する一方、銅は正の電荷を持つ水素イオン（陽子）に電子を渡し、水素ガス（H_2）が発生します。このように電流は、当初電極と電解液との間で生じる化学反応（この場合は$Zn \rightarrow Zn^{2+} + 2e^-$, $2H^+ + 2e^- \rightarrow H_2$）として実現されました。

その後電流の標準も化学的な現象として、メートル法とは独立に「1アンペアは硝酸銀水溶液中を通過する電気が1秒間当たり0・001118000グラムの銀を析出させる電流」として定義されました。いわば、電気メッキとして電流値を定量化したのです。なお、このときの定義を後の定義と区別するために「国際アンペア」と呼びます。

このように電流は、当初、化学的現象として捉えられ長くメートル法とは別立てで扱われていました。電流が力学と結びつけられることを見いだしたのは、アンドレ＝マリ・アンペール（1775〜1836年）、いうまでもなく電流の単位にその名を残した人物です。アンペールは2本の平行に置かれた導線に電流を流すと、電流の方向によって導線が引き合ったり反発し合ったりすることを発見し、1820年公開実験を行いました。そこで、単位長さあたりの導線を流れる電流によって生じる力を精密に測定すれば、メートル法で定められた長さや質量の単位に基づ

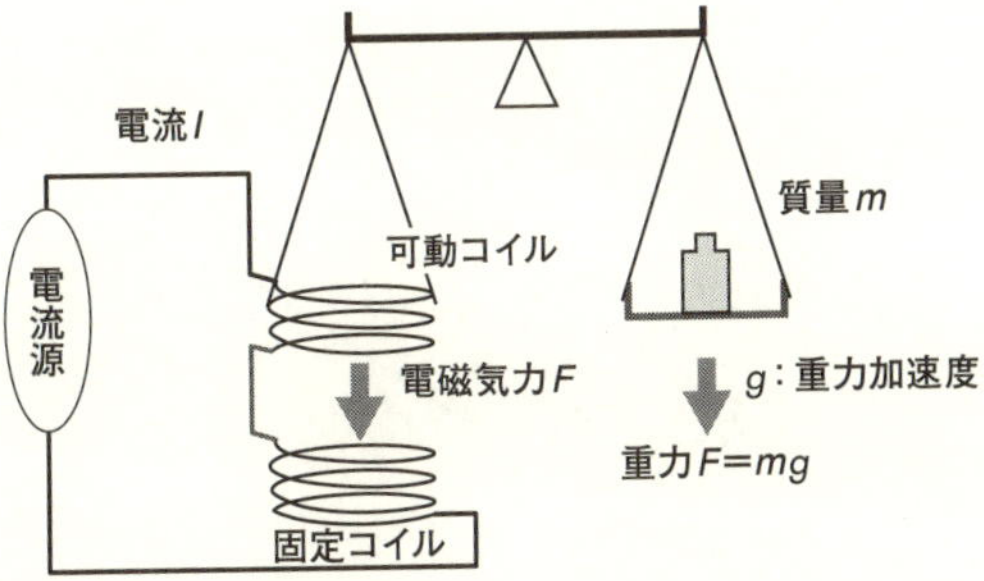

図５・２　電流天秤のしくみ

図５・３　電気試験所で用いられた電流天秤の全体像とコイルの様子

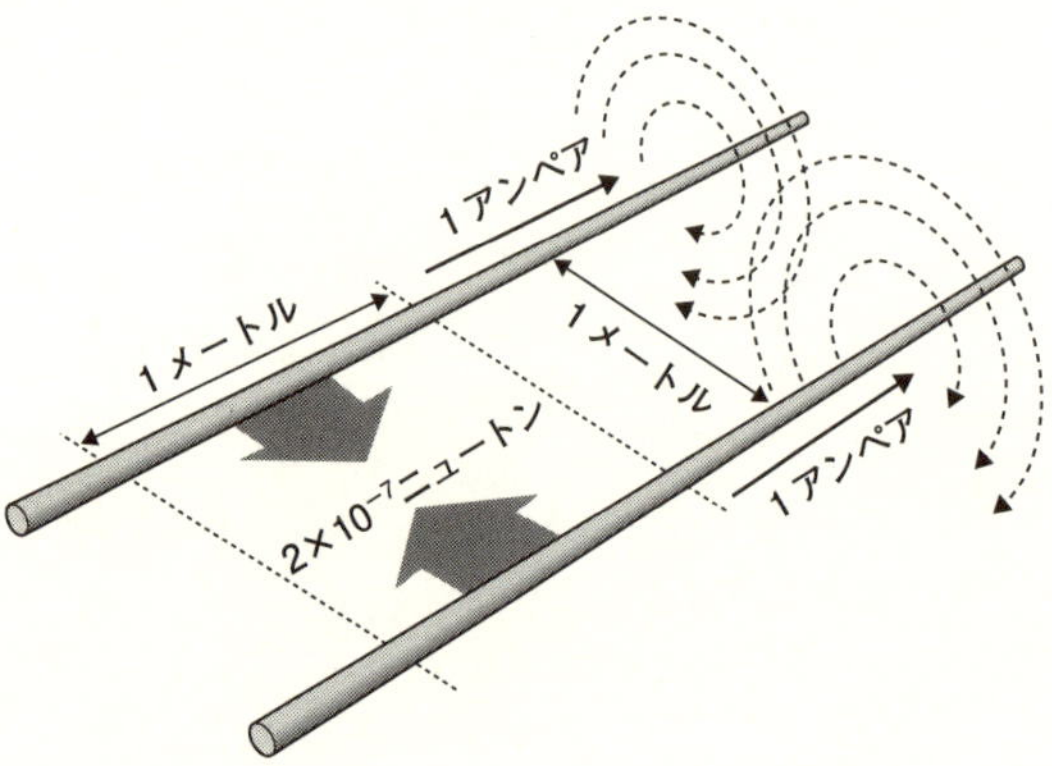

図5・4　電流の定義

いて電流の基準（単位）を定義できるだろう、というアイデアが生まれました。このとき用いられた実験装置は、一般に「電流天秤」と呼ばれます（図5・2）。

天秤の一端には既知の質量、もう一端にはコイルが巻かれ、対向して固定コイルが巻かれます。それぞれに電流が流れたときに、電磁力と質量（重力）が釣り合うことで、電流値を定量化することができます。日本でも産業技術総合研究所の前身の機関のひとつである、電気試験所が1930年代から電流天秤による電流精密測定に取り組みました（図5・3）。

当時各国で取り組まれた結果から、電流（アンペア）の定義は1948年に「アンペアは真空中に1メートルの間隔で平行に配置された無限に小さい円形断面積を有する無限に長い2本の直線状導体のそれぞれを流れ、これらの導体の長さ1メートルにつき2×10^{-7}ニュートンの力を及ぼし合う一定の電流」と定められました。

図５・４はその定義を示しています。ただし、定義にある「無限に小さい円形断面積を有する無限に長い２本の直線状導体」というのは実際には実現できないので、電流天秤などによる電流の現示は、近似的なものであることがわかります。一方、この定義は真空中における電気力の伝わり具合を示していることにもなります。物質の中では真空中に比べ磁場が弱まり、結果として及ぼす力も弱まるのですが、その弱まりを考慮したときの真空中での磁場の伝わり具合を「磁気定数（真空の透磁率）」と呼びます。つまり、電流の定義は間接的に磁気定数（電気力の伝わりやすさ）を定義していることになります。

アンペアの現示

電流が流れる電線に働く力から定められた電流の定義（磁気定数の定義でもある）ですが、電流天秤のような装置で力学的に電流値を決定するのは大変難しいのです。その実現精度（現示の不確かさ）は、どんなに頑張っても１００万分の１程度が限界でした。

電流、電圧、電気抵抗は、しばしば水の流れにたとえられます。電圧は水位差、電気抵抗は水の流れやすさ・流れにくさ、電流は文字通り水流です。そして流れ落ちた水が貯まった水量は、単位時間あたりの水流に流れた時間を掛けたものになります。そうであるなら、そもそも水量、すなわち貯まった電気量（クーロン）を量って電流を求めれば良いのですが、電気の場合貯めておくことが極めて難しく、先に「電流」を定義したことになります。この点では前述した電気メッキとして電流を定義した「国際アンペア」は、貯まった電気量を電気メッキとして固定化することで逃げないように定量化したわけで合理的でした。しかし、この方法ではメートル法の他の単位との一貫性を損ないます。また電気メッキでは時々刻々と変化する電流の測定には対応できません。

そこで電流を電磁気による力学的な定義でメートル法と整合化し、国際単位系に統合したのです。水の流れにたとえれば、水が流れることで生まれる運動、例えば水車の回転で定義しているようなものなのです。

1アンペアとは電子何個分か

電流の正体は電子の流れです。正体がわかる前に様々な現象から電気の単位や測定法が決まってしまったので、少しややこしくなっています。ここで整理しておきましょう。

例えば、電流はプラスからマイナスに流れるとされ、電子はマイナスからプラスに移動します。これは電子が発見される前に電流の流れる向きを決めてしまったからです。ボルタによって電池が作られ、アンペールによって電流が磁界を生じることが発見された頃、「電流は電池のプラス極からマイナス極へ向かって流れる」とされました。しかし、実際に何が流れているのかはまだわかっていませんでした。

その後19世紀末になってから、電子（マイナスの電気を持った小さな粒）が発見されました。電子はマイナスの電気を持っているので電池のプラス極のほうへ引きよせられます。そこで「電流はマイナス極からプラス極へ向かう電子の流れである」ということがわかったのです。

しかし「電流の向きはプラスからマイナス方向」という考え方がすでに広まっていたため、そのまま変更されず、今でも最初に決められた電流の方向を使っているというわけです。

電流の正体は電子の流れであることがわかりましたが、電子はあくまで粒子です。粒子である電子1個の持つ電気の大きさは、電気素量または素電荷と呼ばれます。その大きさ（素電荷）は様々な実験から約1・602×10^{-19}クーロンと見積もられています。一方クーロンという単位はアンペアに基づくもので、「1秒間に1アンペアの電流によって運ばれる電荷」が1クーロンとされています。

ちょっとこんがらがってきましたね。単位の立場から整理すると、あくまで電流の定義が最上位で、それは前述のとおり2本の電線に働く力の大きさに基づいています。同時に電流は電子の流れであることがわかっているので、その電流に相当する電子の量は決められるはずです。しかし電子はあまりにも微小で、しかも電子が運ぶ電気の量（素電荷）も小さいので、電流と直接比較することは不可能です。

そこで1アンペアの電流が1秒間流れたときの電気の量を1クーロンと決めたのです。ちょうど、膨大な数であるアボガドロ定数を、モルと言い換えたようなものです。電気の単位の成り立ちを振り返ると、目に見えない電気というものの正体が、科学の進歩によって徐々に明かされてきたことがわかります。同時に、電流と電子の流れる方向に見られるとおり、一度定着してしまった考え方は覆すのが難しいこともわかります。単位の見直しにあたっては、定着している過去の決まり事に影響を与えない、ということも重要な視点になります。

ここで素電荷は約1・602×10^{-19}クーロンであるという実験結果から、1クーロン、すなわち1アンペアで1秒間に流れる電子の数を計算してみましょう。1・602×10^{-19}の逆数ですから、約6・24×10^{18}となります。これも膨大な数で見当がつきませんが、バスケットボールをこの数だけ集めると、直径450キロメートルの球に相当します。九州がすっぽり入るような、巨大な球に満たされたバスケットボールの数を想像してみてください。スマートホンの充電で流れる電流は1アンペア程度ですから、1秒ごとにこれだけの電子が移動し、電流を運んでいるのです。

人間の感覚に基づいた基本単位・カンデラ

光は今日では電磁波であり、またエネルギーの一形態であることがわかっています。一方で人

表5・1　電流と電荷の関係

	本質	定義の手段
電流（アンペア）	電子の流れ	電線に働く力
電荷（クーロン）	電子の量	電流 × 時間

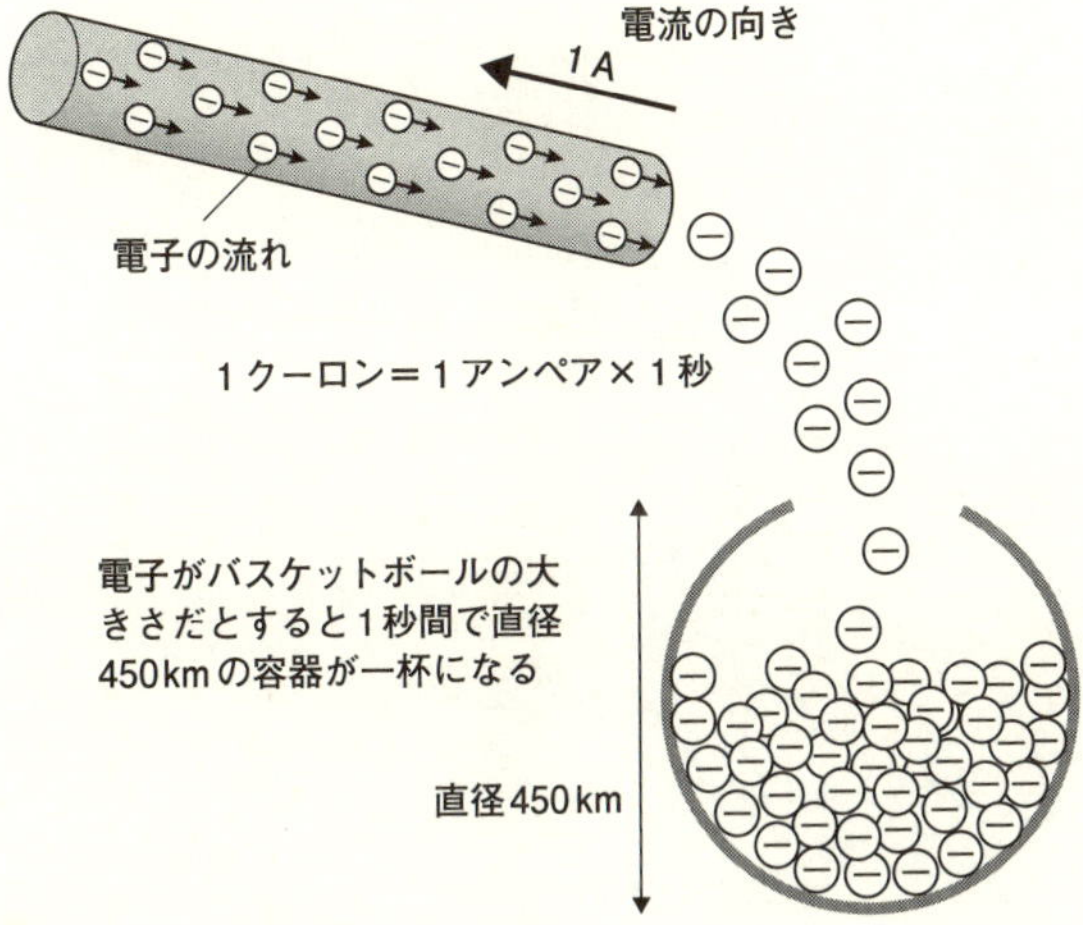

図5・5　電子がバスケットボールの大きさなら、1クーロンの電気量はどれだけになるか

間の感じる明るさ、色はあくまで人間の主観的な感覚です。しかも、茜色《あかねいろ》とか鶯色《うぐいすいろ》とか、日本では４００種類以上の伝統色があるそうですが、人間はこれらごくわずかな色彩（光の波長）の違いを認識します。また「百聞は一見にしかず」というように、人間は視覚から多くの情報を得ています。そこで照明の明るさや色など、人間の感覚に即した単位が必要となります。

この、人間にとっての光度（明るさ）の単位がカンデラ（cd）です。カンデラは基本７単位のうちで唯一の感覚量で、その定義は波長（すなわち光の色）に対する目の感度（視感度）によって定められています。ちなみにこの視感度は周波数５４０×10^{12}ヘルツ（波長５５５ナノメートル）、色では黄緑色がピーク（最も敏感）になります。昆虫や動物は人間とは違う色で外界を見ていて、それぞれが捕食や繁殖に適した視感度を持っていると言われますが、人間は樹上生活から地面に降り、進化する過程で木漏れ日のような黄緑色の光に敏感になったのでしょうか。

定義は「周波数５４０×10^{12}ヘルツの単色放射を放出し、所定の方向におけるその放射強度が６８３分の１ワット毎ステラジアンである光源の、その方向における光度である」と定められています。

これだけではさっぱりわかりませんから、図5・6を見てください。ある一点（点光源）から、単色（周波数５４０×10^{12}ヘルツ）の光が空間に放射されています。このときの点光源の光の強さが光度です。ただし、光の強さは光源から離れるほど弱くなってしまうので、光源との距離

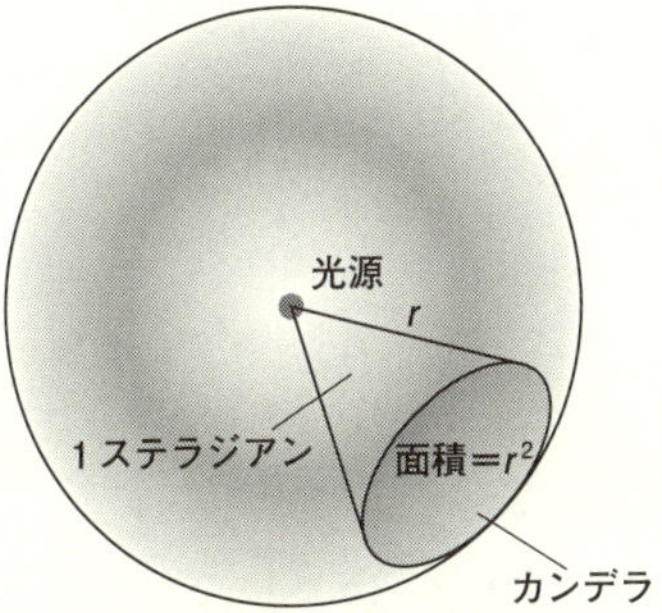

図５・６　カンデラの定義における、光源、立体角（ステラジアン）の関係

図５・７　照明の評価に使われる積分球。光源からあらゆる方向に放射された光の強さを評価する（写真：産業技術総合研究所）

に無関係になるよう1ステラジアンあたりの強さを定義としています。そしてその強さを単位時間あたりのエネルギー（ワット）で示していることになります。ちなみにステラジアンとは立体角で、1ステラジアンは「球の半径の平方と等しい面積を有する球面上の部分を切り取るような角」を示します。これで決められるのは、黄緑色である単色光の強さだけなのですが、その他の色（異なる周波数・波長）の光の強さは、周波数540×10^{12}ヘルツの光との相対的な値として別途定められています。照明器具の明るさや街灯で照らされた路面の明るさなどは、このカンデラを基にして評価されているのです。

もともとカンデラは、炎（初めはロウソク、後にガス灯）や白熱灯から出る光の強さを基準にしていました。普通、光は長さの定義で出てきたとおり、様々な波長（周波数）の光を含んでいます。人間はそれぞれの波長を色として認識しますが、目の感度は色によって異なるのです。その感度は、多数の被験者による結果から標準的な感度（分光視感度）として、540×10^{12}ヘルツ（黄緑色）をピークとした、図5・8のような釣り鐘状のカーブを持つ分布として決められました。光の強さは、このピークでの値をカンデラとして決めて、人間の目の感覚に合わせて表現しているのです。

他の基本単位では10億分の1、100億分の1をはるかに上回る精度が議論されるなか、人間の感覚が基になって（感覚に合わせるようにして）定義されてきた基本単位というのは、いかに

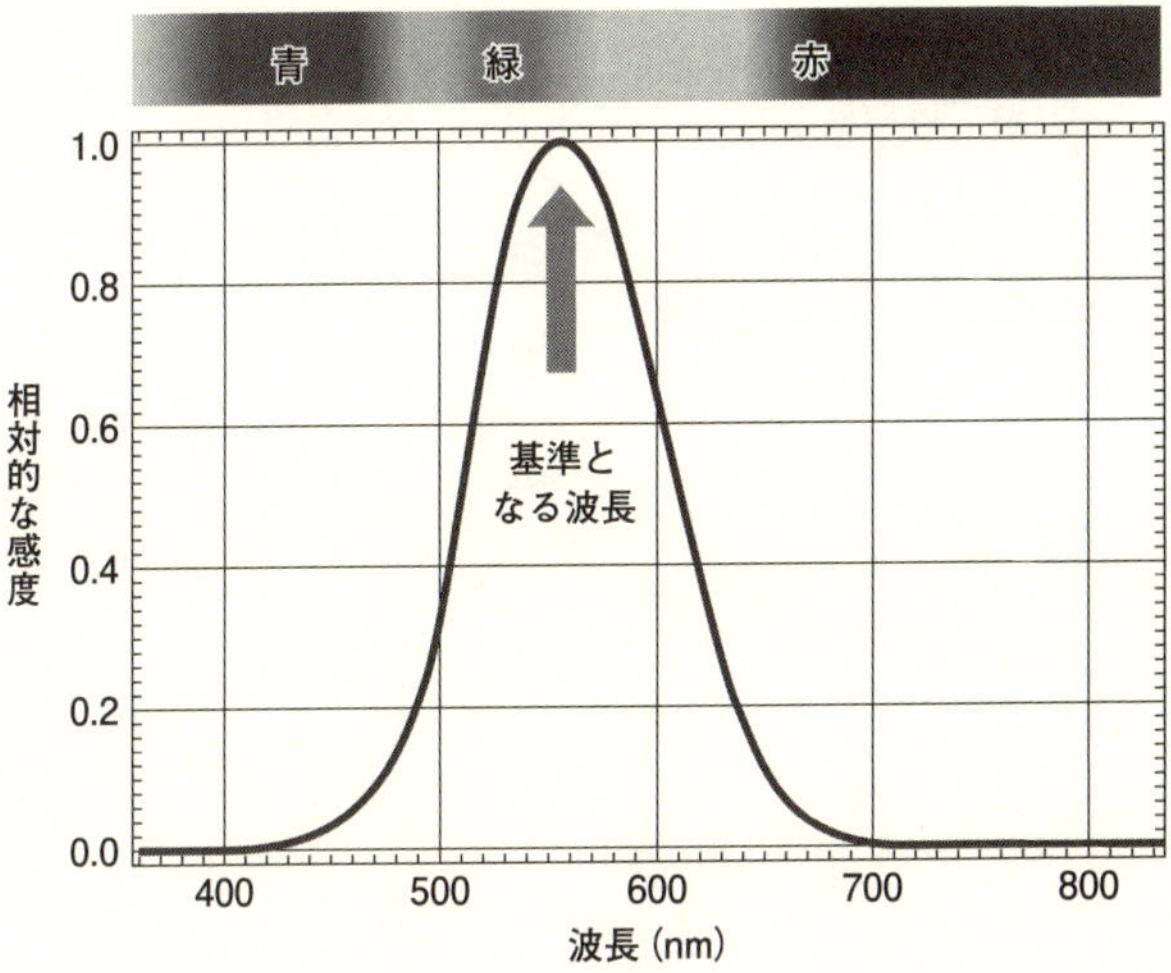

図５・８　人間の目の感度特性（視感度）

も異質に思えます。

この背景には、今日のように優れた光検出器が存在する以前は、人間の目を上回る検出器がなかったことがあげられるでしょう。また光がエネルギーなどによって定量化できるにもかかわらず基本単位が与えられている背景には、前述の通り人間は他の感覚器に比べ目から多くの情報を得ていること、そして色や明るさの感じ方は、味や匂いや温度の感じ方に比べ、個人差が少ない、つまり定量的であること、などもあげられるでしょう。

犬は嗅覚が著しく優れていますが、もし人間の嗅覚が犬並みに鋭く、情報の多くを目よりも鼻から得ていたとしたら、基本単位のひとつに「匂い・臭い」が加わっていたかもしれません。これは単なる想像にしても、国際単位系は科学的な厳密さ一辺倒ではなく、人間の感覚という実用上・慣用上の都合も考慮され、巧妙にデザインされているのです。

熱力学温度の単位・ケルビン

温度は身近な量です。風邪気味のときに額に手を当てた、熱いやかんに触れた手を思わずひっこめ冷たい耳たぶを触った、といったことは誰にもあるでしょう。しかし温度は、長さや質量と違い直接目で見たり、手にとったりして比べられる量ではありません。温度とは何なのか。古代ギリシャでは空気や水と並んで、この世を形作る基本的な元素と考えられていました。18世紀になってすら、温度とは熱素と呼ぶ物質の移動によってもたらされるのだ、という説が多くの学者に支持されていました。温度とは熱によってもたらされる物質の状態である、ということが理解されてきたのは、熱力学や統計力学が確立した、19世紀以降のことです。そして現在では熱とはエネルギーの一形態であることもよく知られています。

物体に手を当てたとき、温度が高いか低いかを感じるのは、熱エネルギーが手の温度を感じる受容体を刺激するからです。また、寒暖計が気温を表示するのは、大気の温度と寒暖計の温度が等しく（熱平衡と）なるまで熱が移動し、寒暖計の水銀やアルコールが熱エネルギーに応じて膨張収縮することによります。

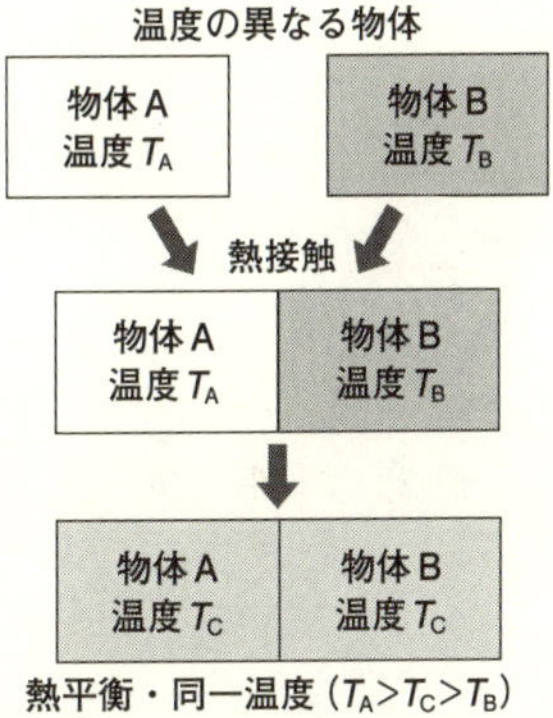

図５・９　温度の異なる物体が熱平衡に達するときの温度の関係

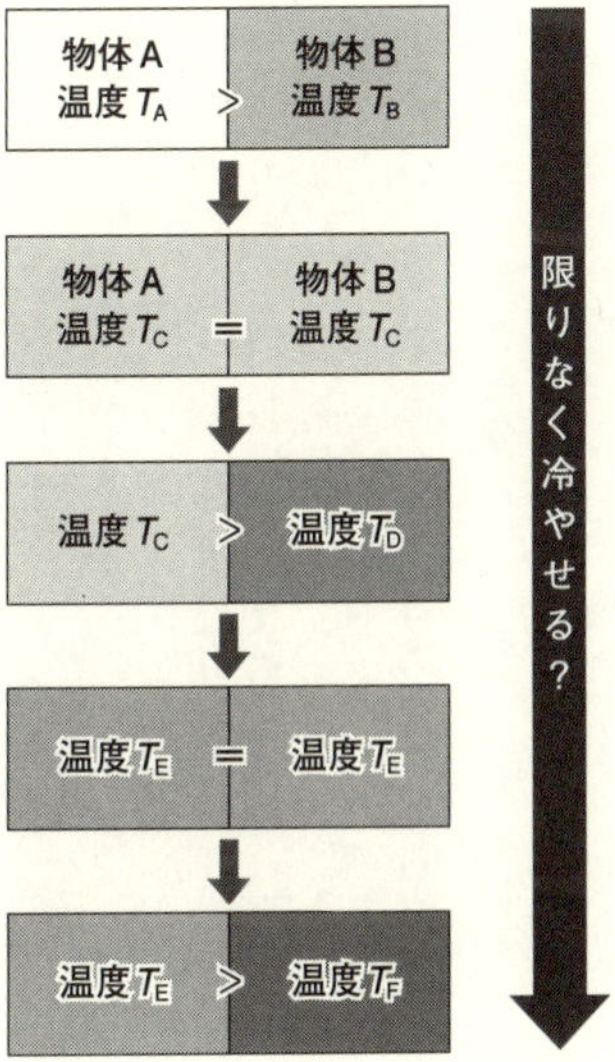

図５・10　温度の低い物体で熱平衡を繰り返す

ここで高温の物体Aと低温の物体Bを接触したとしましょう。それぞれの温度は$T_A>T_B$とします。図5・9のように、Aからみると熱を奪われ（冷め）、Bからみると熱をもらい（熱せられ）、やがて同じ温度T_Cになります。

このとき$T_A>T_C>T_B$です。このように2つの系が、熱をやり取りできる状態で接しているが、状態（温度）変化が起きない状況を「熱平衡」と呼びます。

さて、ここで図5・10のように、さらに低い温度T_Dの物体Dをこれらの物体に接触させます。すると同様に熱平衡に至り、$T_C>T_E>T_D$なる温度、T_Eになります。こうしてつぎつぎに物体を冷やしていけば無限に冷たくなるでしょうか。熱はエネルギーで、温度が低い方に移動します。冷やすためには一方の物体の温度は必ず他方より低くなければなりません。

しかし、負のエネルギーというのはないので、熱エネルギーがゼロに相当する温度以下には冷やせないことになります。この、これ以上冷やせない最低の温度、というのを「絶対零度」と呼びます。そして絶対零度を基準にした温度のことを「熱力学温度」と呼び、単位はケルビン（K）で表します（高校物理では「絶対温度」と呼んでいますが通常、熱力学温度と同じ意味です）。

一方、日常的に私たちが温度を表すには摂氏（セルシウス度　℃）を使っています。セルシウス度は、1気圧における氷点を0℃、水の沸点を100℃として、その間を100等分した、文字通り温度の目盛りです。なお今日では正確には沸点が１００℃からわずかにずれていることがわかっています。また０℃と思われた氷点も、温度の基準とするには不安定であることがわかっています。

このように定めた温度の目盛りを低い方に延長していったとき、様々な実験や理論から、絶対零度はマイナス２７３・１５℃である、ということがわかっています。つまり摂氏０℃とは、絶対零度を基準にすると目盛り２７３・１５分だけ高い状態である、ということになります。ここで改めて熱力学温度（絶対温度）の単位としてケルビン（K）を導入します。摂氏と熱力学温度は「摂氏（℃）＝熱力学温度（K）－２７３・１５」という関係になります。

そして熱力学温度ケルビンの定義は、「水の三重点の熱力学温度の２７３・１６分の１倍である」とされています。

水の三重点というのは、図５・11に示すように氷、水、水蒸気の３つの相が共存している状態で、具体的にはガラス製容器に純水を封入したセルで実現されます。

セルの温度を常温から徐々に下げると、水と水蒸気の温度が下がると共に圧力も低下していきます。そしてある程度温度が低下すると氷が生じます。このとき温度は０・０１℃になります。単なる氷点の場合は氷水が空気に触れている状態になるため、空気が溶けて凝固点降下の影響などが出ます。先に、「０℃と思われた氷点も、温度の基準とするには不安定であることがわかっ

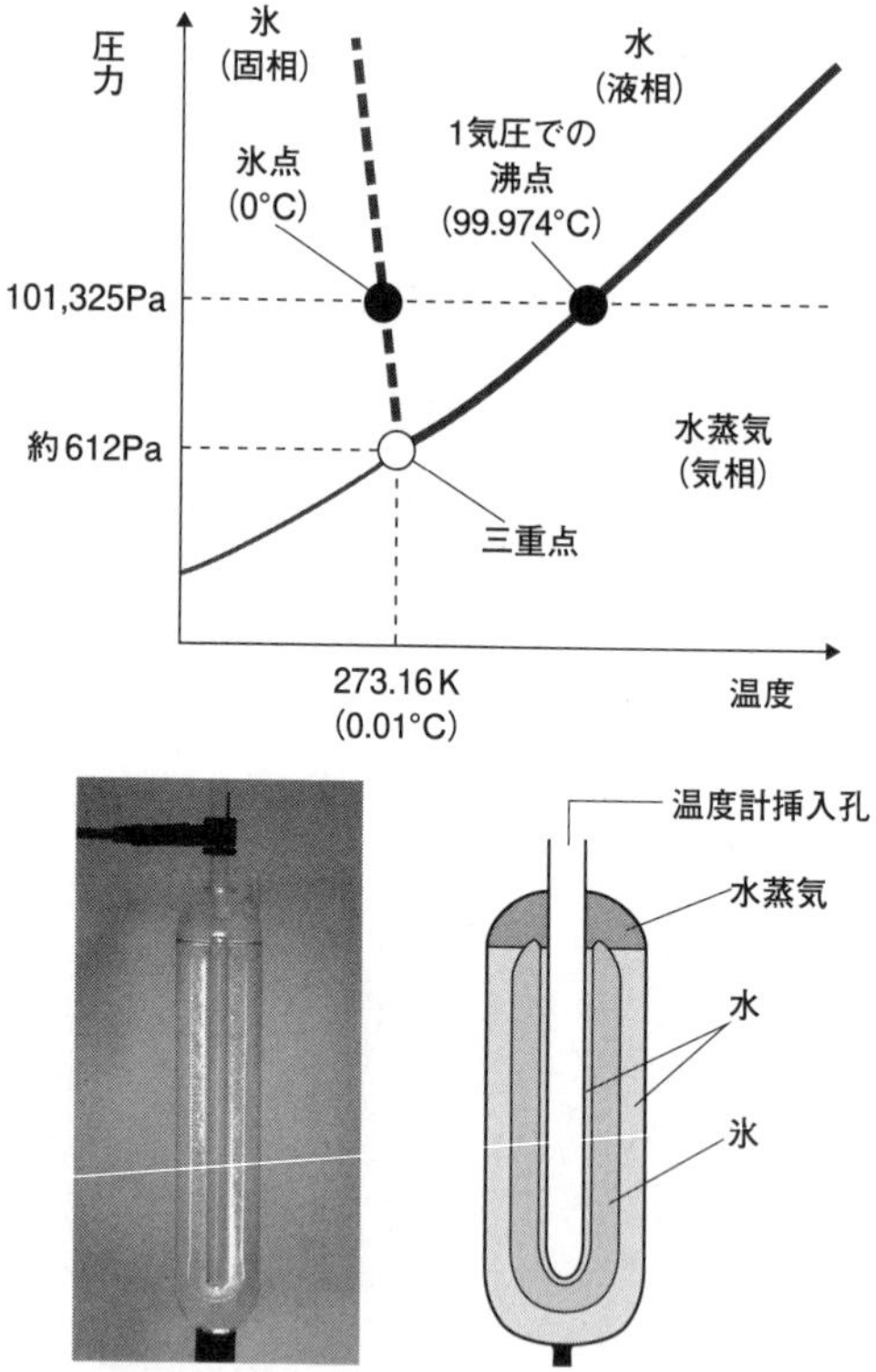

図5・11　水の三重点と温度の関係と実物（写真：産業技術総合研究所）

ています」と言ったのはこのような事情によります。一方、水の三重点は0・1ミリケルビン（1万分の1℃）程度の再現性が容易に得られます。ちょっとややこしいですが、歴史的に摂氏0℃～100℃が決められた後、絶対零度がマイナス273・15℃と求められ、その後、氷点より再現性の良好な水の三重点（0・01℃）を基準に選び直したために、ケルビンの1目盛りは「273・16分の1」となっているのです。

体温の平熱が36・5℃として、わずか0・5℃ずれて37℃になっても体調が崩れます。1℃の違いでも風呂の湯加減は大違いです。温度という、長さや質量と違って手に取れない、目に見えない量を、生命に不可欠な水の状態を100等分して表したのは実に巧妙なものだと思います。

温度測定の一里塚

物質を加熱していくと普通、温度は上昇しますが、物質が固体から液体に、また液体から気体に変化しているときは温度が一定になります。水の場合、前者は氷点、後者は沸点になりますが、この性質を使って実用的な温度計を作ったのが温度の単位（摂氏・セルシウス度）に名を残すアンデルス・セルシウス（1701～1744年）です。氷点と沸点との間を100等分したのが、現在の1℃であり、1K（ケルビン）でもあります。

ところでもっと低い・もっと高い温度を測るにはどうしたらよいでしょうか。これが長さや質量なら、基準となる量を倍量したり分割したりすれば大小様々な対象を測定できます。例えば30センチメートルのものさしを2本つなげれば（精度はともかく）60センチメートルの長さまで測ることができます。

しかし温度では100℃まで測れる温度計を2本使ったからといって、200℃まで測れるわけではありません。温度に応じた、温度計が必要となります。そこでメートル条約では、世界共通の温度目盛り（国際温度目盛）としていくつかの温度定点と、その間を補間する安定な温度計（補間温度計）の種類を定めています。温度定点というのは、物質の凝固点や三重点のうち、温度の安定性・再現性にすぐれたものを温度の基準としたものです。

現在は1990年に見直しのあった国際温度目盛（International Temperature Scale of 1990、ITS－90）によって図5・12に示す17の温度定点と、補間温度計が用いられています。例えて言えば、絶対零度という出発点から高温に至る道のりを、温度定点という一里塚で温度を示し、その間は補間温度計という巻き尺で測っているようなものです。一里塚は安定で、場所がピンポイントで決まるのが理想です。この点で氷点や沸点は環境の影響を受けやすかったので、より安定な水の三重点が取って代わったことになります。

ところでここで次のような疑問はわかないでしょうか。

・温度定点の温度はどうやって測ったのだろう

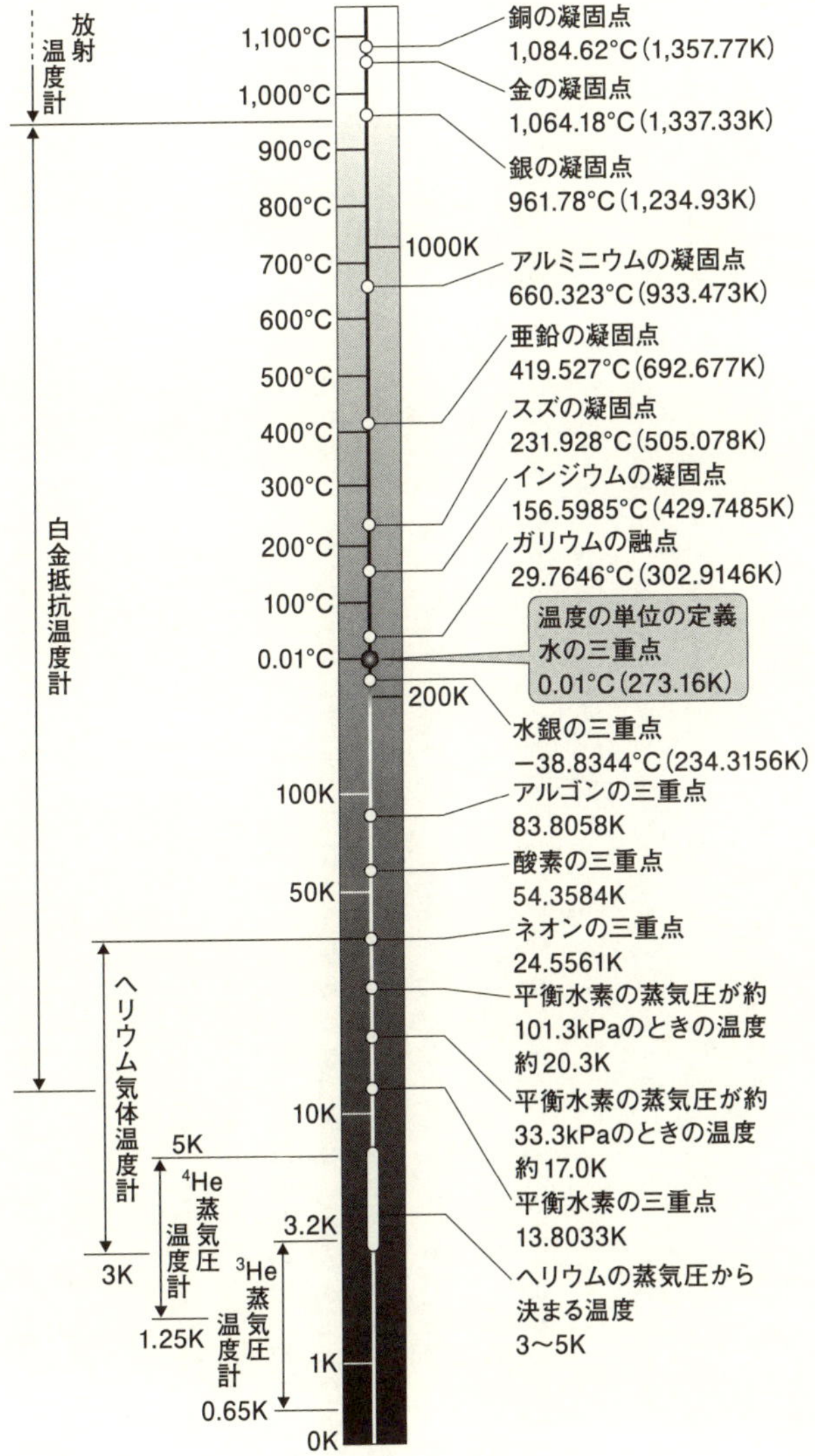

図5・12　1990年の国際温度目盛と補間温度計

・補間温度計の目盛りはどれも同じでなければならないが、例えば白金抵抗温度計の1目盛り（1℃＝1K）とヘリウム気体温度計の1目盛りが同じことをどうやって確認しているのだろう

・そもそも単位は「熱力学温度」なのに、「国際熱力学温度目盛」と呼ばないのはなぜだろう

熱力学温度の単位ケルビン（K）は、「水の三重点の熱力学温度の273・16分の1倍である」と定義されています。この定義に忠実な温度計、すなわち温度という度合いを、熱エネルギーで忠実に表す（これすなわち熱力学温度を示す）温度計があれば、水の三重点を唯一の起点として、低温側にも高温側にも熱力学温度を設定することができます。ところがそのような温度計は非常に大規模で扱いが難しく、また極低温から高温まで一律に測定することが困難なのです。そこでそれぞれの温度域で、あらかじめ研究所レベルでしか扱えないような特別な温度計で温度定点を評価します。特別な温度計は一般に一次温度計と呼ばれ、表5・2のようなものがあります。補間温度計もこのような一次温度計で評価しています。

ところで温度定点は、熱エネルギーでもたらされる物質の状態（凝固点や三重点）であって、熱エネルギーそのものを指し示しているわけではありません。また補間温度計として一般的な白金抵抗温度計も、熱エネルギーによってもたらされる抵抗値変化という情報を、温度とみなして読み取っているに過ぎません。つまり熱エネルギーの度合いを表す「熱力学温度」を、代替する

表５・２　主な一次温度計（現示手段）

熱エネルギーの影響を受ける粒子	熱力学温度との関係（ただし単純化している）	温度計の名称
気体分子	圧力・体積が熱力学温度に比例	定積気体温度計
気体分子	音速の２乗が熱力学温度に比例	音響気体温度計
気体分子	比誘電率を測定し、気体密度を介して状態方程式に帰着	誘電率気体温度計
電子	雑音相当の電力値が熱力学温度に比例	ジョンソン雑音温度計
光子	熱による放射光の強度と波長分布が熱力学温度に依存する	絶対放射温度計

現象の目盛りに置き換えて表現しているのです。このため「温度目盛り」とは言えても、「熱力学温度目盛り」とは言えないのですが、一般には国際温度目盛に沿った温度を、熱力学温度として扱っています。そして、このような実用的な温度目盛りを将来的に熱力学温度と整合させるための定義改定が行われます。本書では質量の定義改定などに比べると、若干サイドストーリー的な位置づけになってしまいますが、他の単位に先立ってここでどのような改定が行われるか示しておきます。

物質から法則へ

現在の定義は水の三重点、という物質の状態を基準に定められています。前述したとおり、水の三重点自体は再現性のある優れた定点ですが、定義の観点から見ると、水という物質に依存していることになります。本当は物質や状態にかかわらず定義した方が汎用性があります。

熱力学温度の本質は、熱エネルギーの度合いです。1ケルビン上昇したら、エネルギーがどれだけ増えるかを表せばよいのです。実はそのような度合いを示す基礎物理定数、ボルツマン定数が存在します。ボルツマン定数とは、熱力学、統計力学の確立に寄与したルートヴィッヒ・ボルツマン（1844～1906年）にちなんだ基礎物理定数です。単位はJ／Kで、文字通り1ケルビンが何ジュールのエネルギーに相当するかを示しています。ボルツマン定数はまた、1ケルビンごとに粒子がどの程度エネルギーを増減するかを示す度合いでもあります。表5・2に示した一次温度計では、熱エネルギーの影響を受ける粒子が示してあります。熱力学温度を測ることは、熱エネルギーで粒子が得るエネルギーを測ることに他なりません。そこに深く関わるボルツマン定数によって、水という物質に依存しない定義が実現されるのです（詳しい定義やそこに至る条件は第10章以降で紹介します）。

物質量の単位・モル

化学分野では、諸法則の発見に伴い、化学量を特定するための表現・単位が生まれてきました。ただし、その多くは例えば原子Aの質量に対して原子Bはその何倍か、といった相対的な量でした。その際、水素を基準とするもの、酸素を基準とするものなどいくつかの考え方がありましたが、最終的に質量数12の炭素の同位体（炭素12、^{12}C）に数値12を付与することにしました。そしてそれぞれの原子・分子は炭素12との比として、原子量・分子量が与えられています。

一方、試料中の原子・分子の絶対的な量（物質量）は個数で表すことができます。ただし、扱う量に対して原子・分子は非常に小さいので、単純に個数で表すと膨大な数になります。そこで人間が取り扱いやすいスケールにする比例定数としてアボガドロ定数が考え出されたのは第４章で紹介したとおりです。物質量の単位、モルは、アボガドロ定数相当の粒子の数を基準にしてその何倍であるかを意味します。つまりモルと粒子の数とは比例の関係にあります。

一方、現在のモルの定義は

①モルは、０・０１２キログラムの炭素12の中に存在する原子の数に等しい数の要素粒子を含む系の物質量であり、単位の記号はmolである。

②モルを用いるとき、要素粒子が指定されなければならないが、それは原子、分子、イオン、電子、その他の粒子またはこの種の粒子の特定の集合体であってよい。

この定義の結果、炭素12のモル質量は正確に12ｇ／molである。

とされています。

この定義の中に、アボガドロ定数は記載されていません。つまりモルは要素の個数に着目した量の単位ですが、現在は個数ではなく、質量に基づいて「12グラムに含まれる炭素12の個数」として間接的に定義されているのです。たとえて言えば、（鉛筆1本が5グラムだったとして）「1ダースは鉛筆60グラムに含まれる本数に相当する数である」と言っているようなものなのです。このようなまどろっこしい言い方になった背景には、アボガドロ定数自体がこれまで測定対象にあり、確定できていなかったという事情があります。もし何らかの方法で炭素12をそのアボガドロ定数分数えて質量を測定したとしても、これまで求められていたアボガドロ定数には不確かさがあるため、正確には12グラムにはなりません。このような二重性を避けるため、質量の定義を優先させ、1モルの物質に含まれる要素粒子の数、すなわちアボガドロ定数を定めていないのです。つまり質量とモルは基本単位でありながら、実は独立ではなく、モルは質量の定義に依存していることになります。このような依存性は本書のテーマである定義の改定に伴って解消されるのですが、それは第8章以降でお話しすることになります。

なぜ炭素が基準に選ばれたか

水素や酸素ではなく「炭素」の、1グラムや10グラム等の切りの良い質量ではなく「12グラム」がモルの定義に用いられたのでしょうか。原子1個あたりの質量を直接測るのは難しいのですが、原子あるいは分子同士の質量の比は様々な技術により正確に決定できます。この技術は一般に「質量分析（mass spectrometry）」と呼ばれ、2002年に田中耕一氏がノーベル賞を受賞した業績もこの一種です。

特定の原子の質量を基準としたとき、他の原子の相対質量のことを原子量（正確には相対原子質量）と呼びます。前述したとおり、その基準には最も軽い水素とするものが最初に提案されました。その後実験的に様々な原子の相対質量を決めるためには、基準となる物質とその化合物の質量を比較する必要があるため、酸素を基準とするものが提案され、主流になりました。水素に比べ、酸化物として様々な元素と結合するので、都合が良かったのです。

一方、その後の分析技術の発展により多くの元素には同位体が存在することが明らかになりました。酸素にも質量数16、17、18の3種類の同位体が存在することがわかり、物理学の分野では質量数16の酸素を質量比の基準としました。一方化学の分野では3種類の同位体の混合物である天然の酸素の原子量を16としました。しかし物理と化学の分野で異なる原子量が用いられるのは混乱を招くため、共通の基準が議論されました。その際様々な議論があったのですが、炭素12を基準にするとそれまで化学系で用いられていた質量数を大きく変えないで済むなどの理由から、最終的には現在の炭素12を基準とする新たな共通の基準が採用されました。現行のモルの定義にはこの炭素12を基準とする国際的な合意がそのまま反映されています。このようにモルの定義は質量とともに、物質の種類にも依存しているのですが、今回の定義の改定によって純粋に粒子の個数となり、依存関係はなくなります。

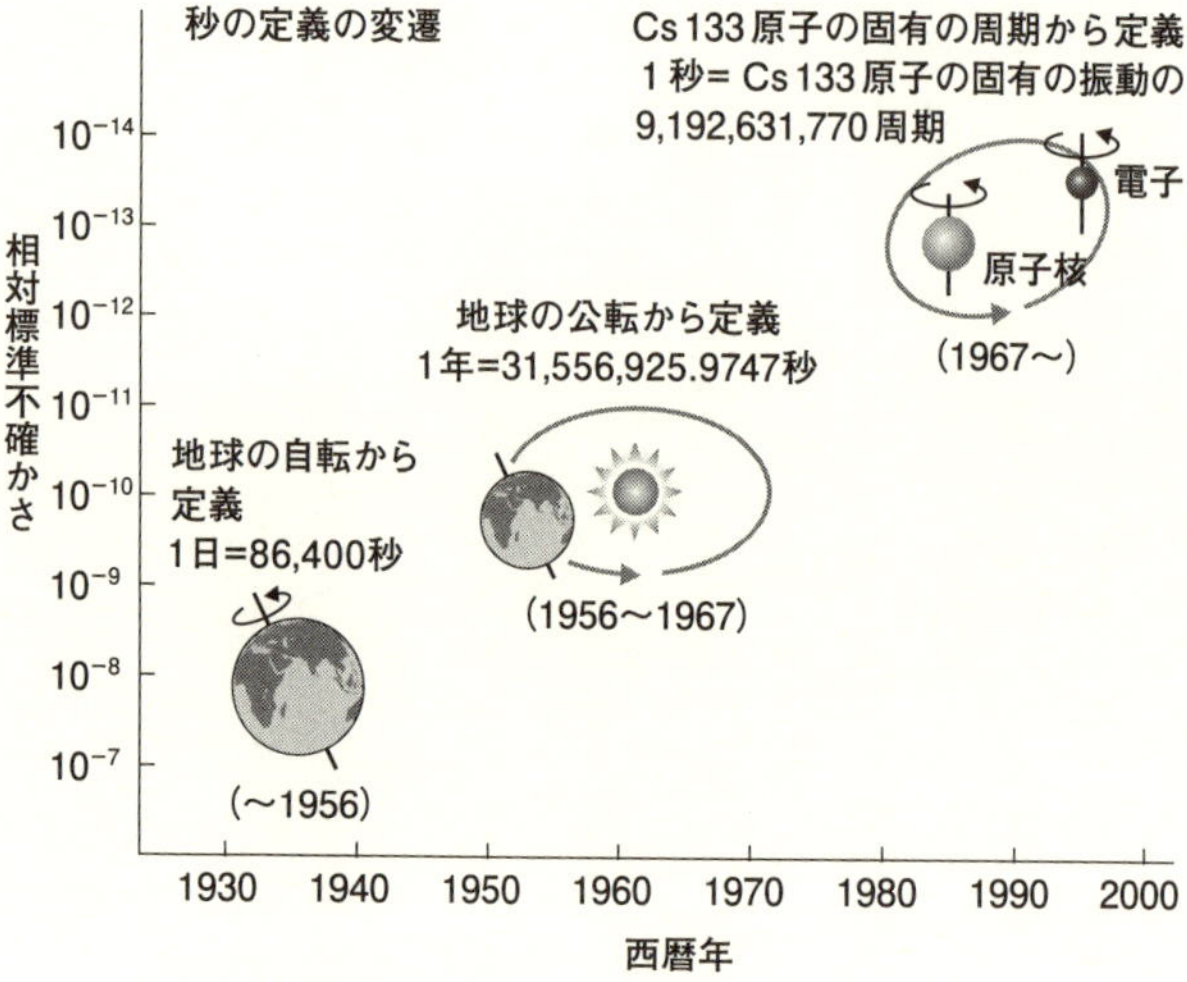

図5・13　秒の定義の変遷と典型的な精度（不確かさ）

時間の単位・秒

人間は太陽の傾き、星の動き、季節の移ろいで時間を知りました。この意味で時間を司るのは、天文学者の仕事でした。振り子による機械式時計などが進歩しても、時間の基準はあくまで地球の動きに置いていました。

時間の単位である秒は、初め地球の自転による定義が用いられましたが、地球の自転には季節変動や経度変動などがあるので、1956年には地球の公転に基づく定義に変更されました。その後、さらに高い精度を出せる原子周波数標準の研究が進み、1967年にはセシウム原子の固有の周期に基づく秒の定義に変わっています。

これらの歩みと典型的な精度は図5・13に示すとおりです。これによって時間の精度は劇的に上がり、それがあらゆる単位に影響することになるのですが、それは次章以下で詳しく触れることになります。ここでは、時間の基準作りが、天文学者の手から1967年を境に物理学者の手に渡った、ということを覚えておいてください。

基本単位の定義

ここで2018年時点における国際単位系基本7単位の定義をまとめておきましょう。

長さ　メートル　m

メートルは、1秒の2億9979万2458分の1の時間に光が真空中を伝わる行程の長さである。

この定義の結果、真空中の光の速さは正確に2億9979万2458メートル毎秒である。

質量　キログラム　kg

キログラムは質量の単位であって、単位の大きさは国際キログラム原器の質量に等しい。

この定義の結果、国際キログラム原器の質量は正確に1キログラムである。

時間　秒　s

秒は、セシウム133の原子の基底状態の2つの超微細構造準位の間の遷移に対応する放射の周期の91億9263万1770倍の継続時間である。

この定義の結果、セシウム133原子の基底状態の超微細構造準位の分裂の周波数は正確に91億9263万1770ヘルツである。

電流　アンペア　A

アンペアは、真空中に1メートルの間隔で平行に配置された無限に小さい円形断面積を有する無限に長い2本の直線状導体のそれぞれを流れ、これらの導体の長さ1メートルにつき2×10^{-7}ニュートンの力を及ぼし合う一定の電流である。

この定義の結果、磁気定数または真空の透磁率μ_0の値は正確に$4\pi\times10^{-7}$ヘンリー毎メートルである。

熱力学温度　ケルビン　K

熱力学温度の単位、ケルビンは、水の三重点の熱力学温度の273・16分の1である。

この定義の結果、水の三重点における熱力学温度T_{tpw}は正確に273・16ケルビンである。

物質量　モル　mol

①モルは、0・012キログラムの炭素12の中に存在する原子の数に等しい数の要素粒子を含む系の物質量であり、単位の記号はmolである。
②モルを用いるとき、要素粒子が指定されなければならないが、それは原子、分子、イオン、電子、その他の粒子またはこの種の粒子の特定の集合体であってよい。
この定義の結果、炭素12のモル質量は正確に12g／molである。

光度　カンデラ　cd

カンデラは、周波数540×10^12ヘルツの単色放射を放出し、所定の方向におけるその放射強度が683分の1ワット毎ステラジアンである光源の、その方向における光度である。
この定義の結果、人の目の分光感度は540×10^12ヘルツの単色放射に対して正確に683ルーメン毎ワットである。

また、基本単位から導かれる、主な組立単位も表5・3にまとめておきましょう。

表5・3　主な組立単位

量	単位の名称	単位記号	基本単位による表現
平面角	ラジアン	rad	$m \cdot m^{-1}=1$
立体角	ステラジアン	sr	$m^2 \cdot m^{-2}=1$
周波数	ヘルツ	Hz	s^{-1}
力	ニュートン	N	$m \cdot kg \cdot s^{-2}$
圧力、応力	パスカル	Pa	$m^{-1} \cdot kg \cdot s^{-2}$
エネルギー、仕事、熱量	ジュール	J	$m^2 \cdot kg \cdot s^{-2}$
電力、仕事率、放射束	ワット	W	$m^2 \cdot kg \cdot s^{-3}$
電荷、電気量	クーロン	C	$A \cdot s$
電位差（電圧）、起電力	ボルト	V	$m^2 \cdot kg \cdot s^{-3} \cdot A^{-1}$
静電容量	ファラド	F	$m^{-2} \cdot kg^{-1} \cdot s^4 \cdot A^2$
電気抵抗	オーム	Ω	$m^2 \cdot kg \cdot s^{-3} \cdot A^{-2}$

単位の名称には、その量にゆかりのある科学者の名前がつけられているのがわかります。これら科学者の足跡をたどるだけでも、単位の意味、背景について興味深い物語があるのですが、ここでは先を急ぐことにして、本書でこのあとたびたび現れる2つの組立単位だけ詳しく説明しておきます。

エネルギーの単位・ジュール

エネルギーには様々な形態があります。高いところにある物体がもつ位置エネルギー、運動する物体がもつ運動エネルギー、高温の物体がもつ熱エネルギー、……。科学の進歩によって、自然への理解が深まり、エネルギーは様々な形態をとりうること、形態が変わっても総量は変わらないこと（エネルギーの保存則）がわかってきました。

物を高いところに持ち上げる「仕事」は、まさに重力加速度に逆らって質量をもつ物体をある高さまで移動する位置エネルギーです。

これは加速度 m/s^2、質量kg、高さ（長さ）mの掛け算に他なりません。基本単位の組み合わせでは $m^2\ kg\ s^{-2}$ となります（$kg\ m^2\ s^{-2}$ や $m^2\ kg\ /\ s^2$ としても同じです）。ただ、単位が長たらしく、エネルギーは頻繁に現れる重要な量なので、ジュールという固有の名称を与えています。この名称は電流が抵抗を流れるときの発熱の関係（ジュールの法則）や仕事と熱量との等価式（熱の仕事等量）などを通じて、エネルギー保存則の発見に貢献したジェームズ・プレスコット・ジュール（１８１８～１８８９年）にちなんでいます。

仕事率の単位・ワット

エネルギーは文字通り、人間にとって有用な仕事を生み出しますが、それに要する時間は含まれていません。人間、馬、蒸気機関、それぞれ同じ仕事に要する時間、つまりスピードも加味した単位が必要です。このときの単位がワット、時間あたりの仕事ですから「ワット＝仕事÷時間」、単位はJ/s（ジュール毎秒）で基本単位の組み合わせでは $m^2\ kg\ s^{-3}$ となります。ワットという固有の名称は、実用蒸気機関の開発で有名なジェームズ・ワット（１７３６～１８１９年）

にちなんでいます。

ワットはエンジンの馬力（文字通り同じ時間で馬何頭分の仕事をするかを起源としている）や電気製品の性能を示す際によく見かけます。仕事率が大きいほど、車なら速く走れるし、電子レンジなら早く調理ができる、というわけです。

位取りを簡単に

また、第1章の最後でも触れましたが、接頭語についても改めてまとめておきます。単位で表された数値の大きさを、実用的な量として理解するのに便利なように3桁ごとに20個の接頭語が定められています。例えば1000倍をキロ（k）、その1000倍をメガ（M）、さらにその1000倍をギガ（G）といった具合です。10進数で表すことは基本ですが、非常に大きな量・小さい量は桁が大きくなり、取り扱いが大変です。メートル法以前では大きさによって単位そのものを変える（1フィート＝12インチ、1尺＝10寸など）場合がありましたが、接頭語と併用することで単位の一貫性を保ったまま、非常に大きな量も小さな量もわかりやすく表記できるというメリットがあります。

今日ではメガ・バンクのように巨大さを印象づけたり、電気製品にナノ○○、と付けて小型化をアピールしたりなど、日常的にも浸透していますね。

真の値は神のみぞ知る

以上の通りメートル法から国際単位系に拡張されることで、あらゆる事象を示すことができるようになりました。ところで今さらですが、正しい計測結果というのは何をもって判断すべきでしょうか。第3章では、メートル定義の変遷により現在では1メートルにつき20ピコメートル程の精度が実現されている、と述べました。しかし、相変わらず1メートルあたり20ピコメートル程の誤差は避けられない、とも言えます。また、第4章では国際キログラム原器が１００年余りで指紋1個分ほど質量が揺らいでいるらしい、と述べました。原器より正確な計測はありえませんから、すべての質量の測定結果は原器の安定度以上には信頼できません。このように、どれだけ正確に測っても、相変わらず真の値は誤差という闇の中です。

単位系や単位の基準が見直される過程で、測定結果の妥当性をどう評価するか、ということも検討されてきました。そして今日では「真の値はわからない」という立場から、測定結果は「推定値」でしかないとみなされています。そして推定の度合いを「不確かさ」と称しています。

不確かさとは、英語の uncertainty をそのまま訳した用語です。誤差、精度と言ってもよいのですが、これら2つの表現は、真の値からのずれ、すなわち真の値は知りうる、という意味を帯びています。これに対して（定義値などを除き）「真の値」というのは決して知り得ず、測定値からあるばらつき、「不確かさ」の範囲に真の値が確率的に存在する、という考え方をするのです。

不確かさというと一見ネガティブな印象を受けますが、あくまで人知の限りでは真の値はわからない、と割り切ったのです。そのうえで「ではどの程度の範囲に真の値があるか」と考えることで、必要に応じた測定器の品質や測定回数を合理的に議論するのです。きちんと不確かさが評価できている限り、単位の定義改定に必要な究極の測定も、学校の理科の実験で行う測定も、不確かさの範囲で「信頼しうる」と言えるのです。

不確かさの本質は統計学です。平均、度数分布など中学・高校の実験でもおなじみでしょう。正確な結果を得るためには、必ず何度か測定し、それを平均して測定値とし、ばらつきは各データがどれだけ平均値から差があるか（標準偏差）で表しますね。そのほかにも、測定器自体がもつ不確かさ、測定結果に影響を与える要因、例えば温度や気圧などを考慮して不確かさが見積もられます。

複数の機関、ここでは4機関がある測定結果を報告したとしましょう。その結果の一例は図5・14のようになります。

ダイヤ印がそれぞれの測定値、上下に伸びる線は、その不確かさです。通常、95％の確率で真の値が存在するという範囲を示します。

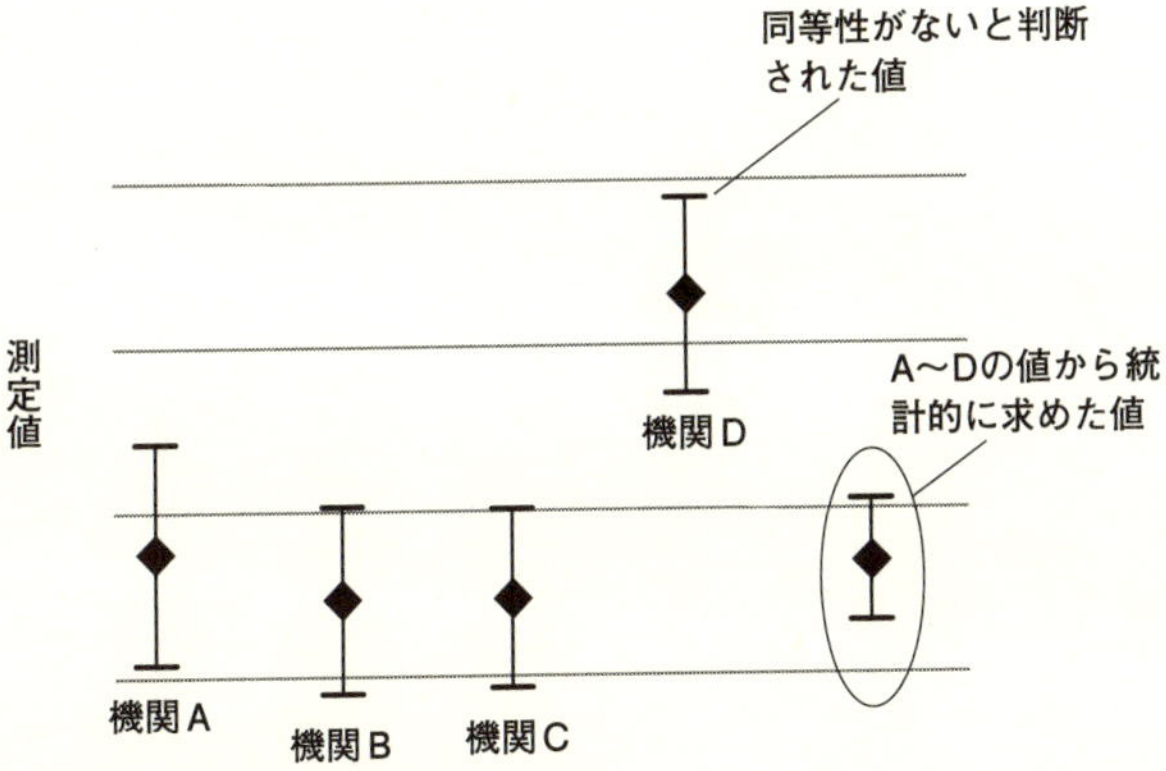

図５・14　推定値と不確かさ

４つの機関のうち、機関Ｄを除いてみな、不確かさの線がどこかで重なっています。このような関係にあるとき、それぞれの測定結果は「不確かさの範囲で同等である」と言います。一方、機関Ｄは不確かさの線の範囲は、いずれの機関ともオーバーラップしていません。このようなときは機関Ｄの測定結果は「同等でない」と言います。ただし、機関Ｄの結果が間違いとは直ちには言えません。Ａ、Ｂ、Ｃの３機関がともに何か見落として偏差が生じているのかもしれません。そして、これら複数の結果から、改めて統計的に処理して、測定値と不確かさを評価するのです。そのようにして求められたのが、ここまで紹介した、クリプトンランプの波長や、光の速さなのです。

ここまでの文章では精度、実現精度、などの言葉を交えてきましたが、正確にはそれらを「不確かさ」と読み替えてください。

第6章 量子力学と相対性理論の時代

―宇宙をつらぬく法則

古典物理学の限界

19世紀も終わろうとする頃、目に見える現象はニュートンらを祖とする力学で、また電磁気や気体の圧力など、目に見えない現象もイギリスの物理学者マクスウェル（1831〜1879年）らにより体系化された電磁気学、統計力学などですべて矛盾なく説明でき、物理学は一見完成の域に達しているかに思われました（現在ではこれら○○学の前に、「古典」という枕詞を挿入すべきですが）。メートル法もこの恩恵のもとで、長さと質量の基本単位を基に、力、加速度、速度、圧力などの計測結果を矛盾なく示すことができたわけです。

このような中にあって当時の物理学者を悩ませている問題がありました。ここでは本書のテーマである基本単位の定義改定にも後に関わることとなる、当時の問題とそれに対する理論を2つ取り上げます。本章をとばして読んでも構いませんが、比喩を使ったりしてできるだけわかりやすく説明しますので、ぜひ付き合ってみてください。わからなくても読者の責任ではありません。何しろ日常の感覚とはかけ離れた現象で、当時の物理学者にとってもにわかには受け入れがたい理論でしたから。

温度と光とエネルギー

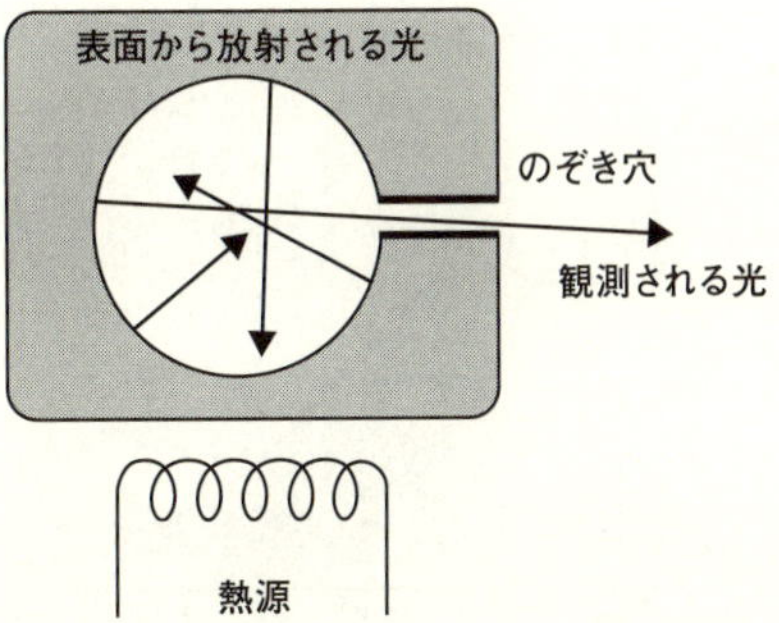

図６・１　黒体の概念

物理学者を悩ませた問題のひとつめは黒体放射です。鉄やガラスは熱せられると赤黒くなり、温度の上昇につれてまばゆく青白くなります。当時製鉄や窯業が盛んになるにつれ、温度と高温の物体から放射される光との関係が研究されていました。黒体とはそのための温度と放射の関係を調べる装置で、簡単に示すと図６・１のようになります。

熱せられた空洞の中は表面の分子の振動によって様々な電磁波（光）を発します。温度を上げると原子や分子がエネルギーを得て振動し、さらに温度を上げると振動としてエネルギーを貯めるのが限界になり、ついにそのエネルギーを光として放出するためです。その光は空洞内部の別の表面に吸収され、全体としては温度が一様な定常状態になっていると考えられます。そしてのぞき穴から内部の明るさを観測すれば、温度と放射光の関係がわかります。のぞき穴から出る光以外は、空洞の中に閉じ込められて出てこないので、光の出ない黒い物体、「黒体」と呼びます。品質の良い鉄鋼やガラ

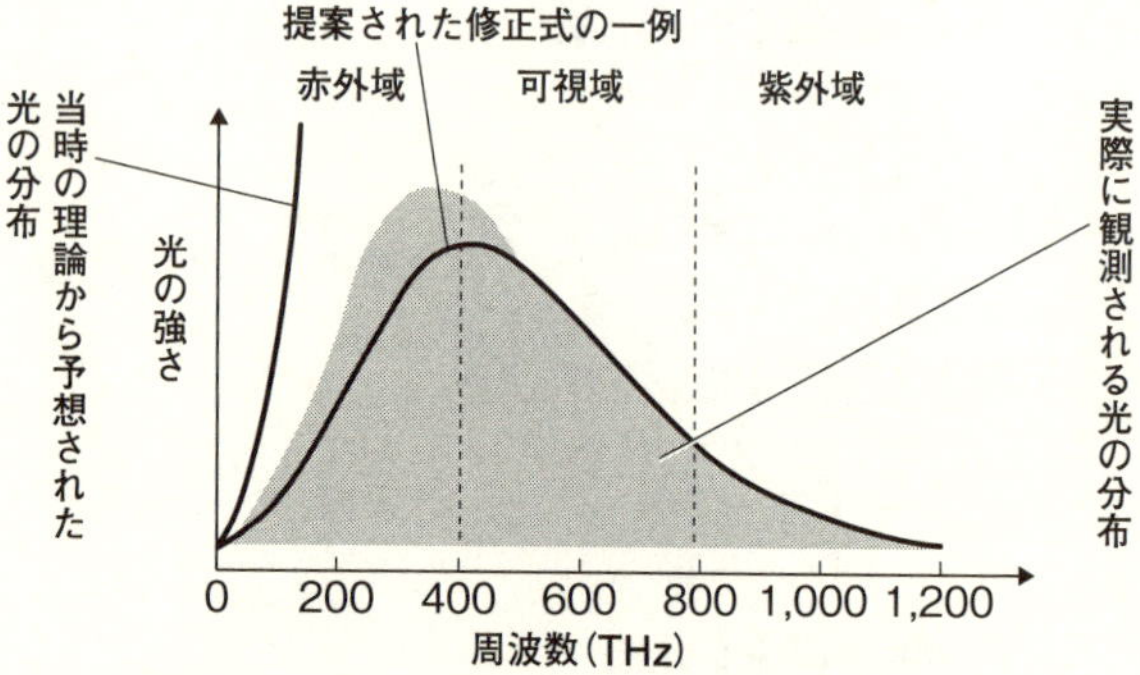

図6・2　黒体から放射される放射光の実験値と理論値

スなどの生産には温度管理が欠かせません。そこで黒体の温度と放射光の関係（いろいろな振動数の光がそれぞれどれだけあるかの関係）が実験と理論両面で検討されていました。

ところが、それまで知られていた電磁気学と統計力学から温度と放射光の関係を理論的に求めた結果と、実験結果とはどうしても一致しませんでした。実験と理論は科学の両輪です。理論が先行して、実験技術の向上により両者が整合することもありますが、この黒体放射を巡る問題では、実験技術が向上しても理論値と整合する気配がありませんでした。それどころか、より広い温度範囲での測定が進められたところ、提案されていた理論値との乖離《かいり》が決定づけられたのです（図6・2）。

エネルギーの最小単位

それまで知られていた理論からはどうしても説明でき

ない実験結果。同じ頃、黒体放射の研究を行っていたマックス・プランク（1858〜1947年）は、この実験結果を知ります。そして、

・電磁波（光）のエネルギーは任意ではなく、最小エネルギーの整数倍しか取り得ない
・その最小エネルギーは電磁波の周波数に比例する

という2つの仮定を用いて見事に実験結果を説明しました。

それまでの電磁気学ではエネルギーはゼロから連続的にどんな値も得られると考えられていました。ところがマックス・プランクは一度にやりとりできるエネルギーには最小値があるという、後の量子力学につながる考えを導入したのです。そしてその最小値は周波数に比例するため、周波数の低い（波長の長い）赤外線は容易に発生する一方、高周波になるほど電磁波として発生させるためのエネルギーが大きくなり、なかなか光として発生しないと説明したのです。これは実際の光の分布をよく示しています。

ここでプランクのアイデアを説明するために、次のような飲み物の自動販売機を考えてみてください。売っているのは5種類の飲み物、ミネラル水、サイダー、ジュース、コーヒー、スポーツドリンクです。それぞれ1本の値段は1円、5円、10円、50円、100円です。普通の自動販売機と違うのは、お金の投入口も5つあって、それぞれ1円、5円、10円、50円、100円の硬貨しか受け付けず、おつりも出ないことです。

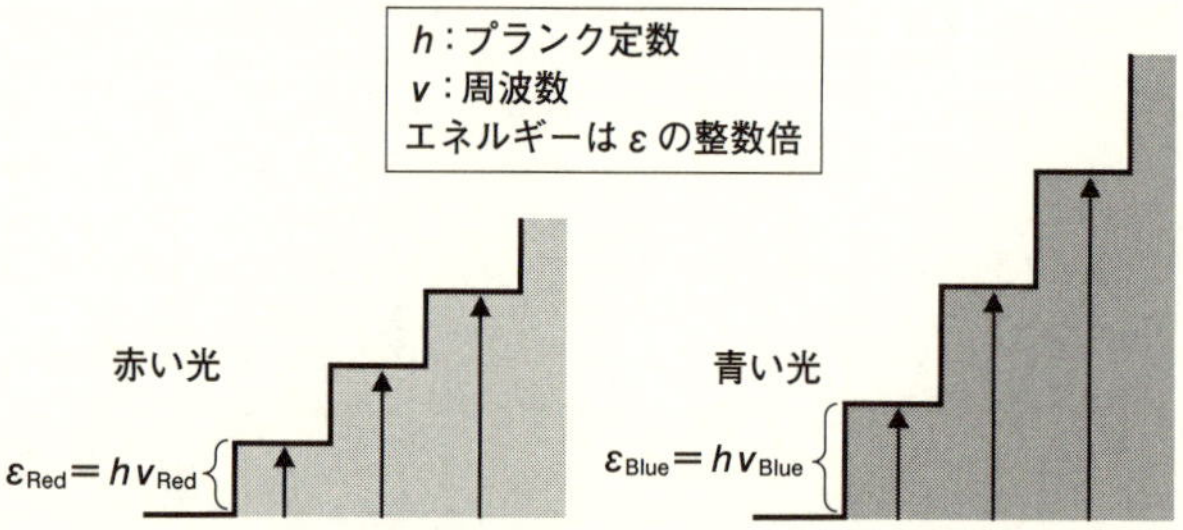

図6・3　赤い光と青い光のエネルギー変化

この自動販売機に1円玉を入れると、ミネラル水が1本出てきます。1円玉を10個入れるとミネラル水が10本出てきますが、10円に相当するジュースはけっして買うことができません。ジュースを買いたければ10円玉を入れる必要があるのです。その他の飲み物も、それに相当する硬貨を入れないと出てきません。

ここで飲み物を安い順から、周波数の低い赤い光、橙色の光、黄色の光、緑の光、そして周波数の高い青い光としましょう。飲み物1本は光の粒子1個です。そして硬貨はエネルギーに相当します。自動販売機は原子です。原子を介したエネルギーのやりとりは、コインのようにある単位でしか行えないのです。そしてその単位は光の周波数に比例するのです。

エネルギーは周波数ごとに階段状のエネルギー分布しか取り得ないことになります。図6・3に示すとおり、赤い光は階段状のエネルギーステップが小さく、それに比べ周波数の高い青い光はステップが大きくなります。

そして彼は当時得られていた実験結果から周波数とエネルギーの比例定数を、今日得られる値と1％ほどしか違わない精度で報告しています。これが後に「プランク定数」と呼ばれることになります。記号は通常hで表し、光の周波数と最小エネルギーとの関係は、「エネルギー＝プランク定数×光の周波数」となります。プランク定数の単位は周波数（ヘルツ、または1/s）を掛けるとエネルギー（ジュール）になることから、「ジュール・秒（Js）」となることがわかります。現在プランク定数は約6・63×10^{-34}Js（ジュール秒）と求められています。小数点の後に0が33個並んでその後にやっと663と続く小さい値です。

第4章で現れたアボガドロ定数は、逆に小数点の前に0が23個もある、巨大な数字でした。アボガドロ定数は原子レベルの微小な粒子を、何個集めたら目に見えるほどのサイズになるか、というスケールの対比なので途方もなく大きいのです。一方のプランク定数は原子レベルの現象に関わる定数なので、途方もなく小さいのです。

ここでプランク定数がどれほど微小な対象を扱っているか、計算してみましょう。赤いレーザーポインターから出る光の粒子がどれだけエネルギーを持っているか試算します。詳しく計算しても切りがないので、ここでは有効数字3桁まで考えましょう。レーザーポインターの波長はだいたい633ナノメートルです（100万分の633ミリメートルに相当）。光の速さは秒速2億9979万2458メートルですが、4桁目を四捨五入して秒速3億メートルとしておきましょう。こうするとレーザーポインターの赤い光の周波数は、1秒間に進む3億メートルに633ナノメートルの波がいくつ含まれるかですから、3億メートルを633ナノメートルで割ると4・74×10^{14}ヘルツとなります。

光の粒子1個あたりのエネルギーは、この周波数にプランク定数を掛けたものですから、プランク定数6・63×10^{-34}を掛けると、そのエネルギーは3・14×10^{-19}ジュール（J）となります。ここで常温の水1グラムの温度を1℃上げるのに必要なエネルギーは、4・18ジュールです。3・14×10^{-19}ジュールのエネルギーで1℃温度を上げられる水の量はどれくらいかというと、およそ水分子2500個分に相当します。ここで水の分子量は18、つまり1モルの水は18グラムです。1モルあたりのアボガドロ定数がどれだけ巨大かというのは、第4章で示しました。それに対してプランク定数から計算される最小のエネルギーは、水分子数千個の温度を上げる程度のエネルギーなのです。実感がわかなくても、どれだけ小さいかということは想像頂けるでしょうか。

アインシュタインの光量子説

身の回りのエネルギーが階段状のとびとびの値になる、といっても、何しろプランク定数はべらぼうに小さい値なので、私たちの感覚で実感することはとうていできません。また、エネルギ

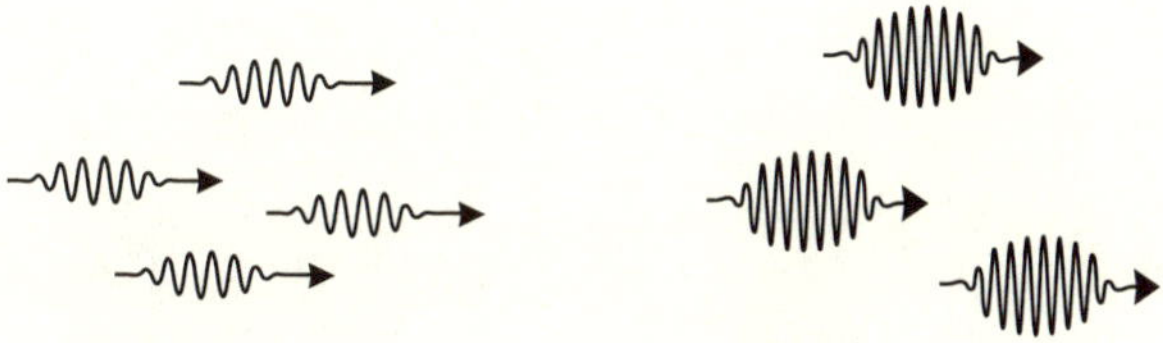
振動数の低い(波長の長い)光のイメージ
振動数の高い(波長の短い)光のイメージ
光の粒子(光子)1個1個が振動数(波長)に応じたエネルギーを持つ。
振動数とエネルギーの比例定数がプランク定数。

図6・4　光の粒子性とエネルギー

ーが階段状にとびとびの値しかとらない、というのは当時の物理学にとってあまりにも革命的で、しばらくは受け入れられませんでした。

プランク定数は黒体放射のメカニズムを説明するために導入された定数でしたが、その後間もなくアインシュタインが提唱した光量子説(光は波であると同時に、それ以上分割できない粒子から成るという考え方)に取り入れられるなど、物理学の基本原理として認められるようになりました。そして分子や原子を単位とした、微視的な物理現象を記述する量子力学として大きく花開くのです。

ここでプランク定数の位置づけを、アインシュタインの光量子説と併せて説明してみましょう。原子、分子にエネルギーを加えると光(電磁波)としてエネルギーが飛び出してきますが、それはあるひとかたまりの単位量をもってとびとびに変化します。図6・4に示すように、光とは波であると同時に、エネルギーがとびとびの値しかとらない、粒のようなものであると言えます。一方、エネルギーは姿を変えても総量は変わりませんから、最初に与えられたエネルギーも、やはりとびとびの値であるはずです。先ほどの自動販売機の例を思い出してください。エネルギーのやり取りは、連続的ではなく、ある粒々の、最小単位ずつしかやり取りできない、ということです。その最小値は、光の姿に換算したときに周波数に比例し、その比例定数がプランク定数に相当します。

現在では原子が特定の波長の光を吸収する現象（原子吸光）やLEDが電子のエネルギーを光に変換する発光原理など、エネルギーの変換に関わるあらゆるミクロな現象がこのプランク定数で説明できることが明らかになっています。また、第3章のメートルの定義で現れたレーザーも、エネルギーと光の放射の間にプランク定数が関わっています。

そして周波数に比例する、ということから、周波数を測定することでエネルギーを知ることができる、という重要な役割をします。このことで質量の定義をキログラム原器から解放することが可能となるのですが、その話題は第8章で説明することになります。

特殊相対性理論

問題のもうひとつは「エーテルの矛盾」です。当時光の速さが有限であることは理論的にも、実験的にも確かめられていました。一方、光が波として進むためには波を伝えるもの（媒質）が

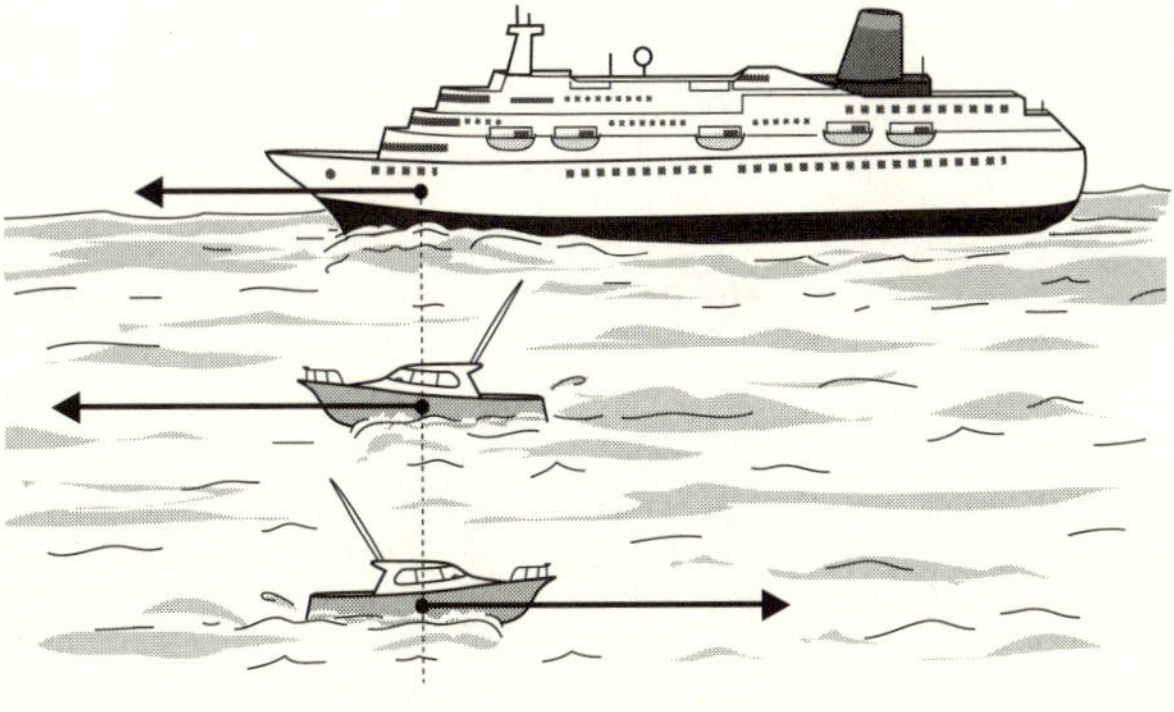

図6・5　エーテルの矛盾

必要と考えられていました。水面の波なら媒質は水ですし、音は空気を媒質とした波です。同じように、宇宙は光を伝える物質に満たされている、と考えられていました。この物質を、仮にエーテルと呼んでいました（現在では光は波であると同時に粒子でもあること、エーテルのような物質は存在せず、光が進むのに媒質は必要としないことがわかっています）。もし宇宙がエーテルで満たされ、地球がその中で自転や公転して動いているなら、向きによって光の進む速さに差が出るはずです。図6・5のようにちょうど海に浮かんで進む客船から2艘《そう》のボートを降ろし、一方は客船と同じ向きに、他方は逆向きに同じ速度でこぎ出すと、客船からはボートの速度が違って見えるのと同じです。ところがどう観測しても光の速さが異なるという現象は現れなかったのです。

　地球はエーテルという海を進んでいるからエーテルの中を一定の速さで動く光は方向によって異なった速さに

$$E = mc^2 \quad \cdots\cdots\cdots \text{式6・1}$$

エネルギー（E）　質量（m）　光の速さ（c）

見えるはず。しかしそのような効果は観測できなかった。

この問題にアインシュタイン（1879～1955年）は、特殊相対性理論で答えました。本書ではその前提となる「光速度不変の原理」と、その帰結としての「質量とエネルギーの等価原理」について巻末の付録で説明しています。これを説明するだけでも一冊の本では足りない内容ですが、ごく単純化して、中学から高校レベルの物理学（運動方程式）と数学（微分と三角関数）を使って説明しています。ぜひ余力のある方はチャレンジしてみてください。

とにかくここで覚えておいて頂きたいのは、質量とエネルギーが光の速さの2乗を介して同等であるという有名な公式〔式6・1〕です。

計測技術が新たな理論を生む

1900年にプランクがその扉を開けた量子力学、後に奇跡の年と呼ばれる1905年にアインシュタインが提唱した光速度不変の原理と、質量とエネルギーの等価原理（特殊相対性理論）。この5年間に報告された、それまでの物理学を根底から変えた事柄を駆け足で紹介しました。

これらの偉大な理論を余すところなく紹介するのが本書の目的ではありませ

んが、計量単位の普遍性を追い求める私たちにとって、

・エネルギーの最小単位（量子化単位）はプランク定数で与えられる

・質量とエネルギーは等価である

という関係が得られたことは非常に重要です。これらがどのように単位の改定に結びつくかは、第8章で明らかになります。それからもうひとつ、これらの画期的な進歩の背景には、精密な計測技術があって、計測結果→それまでの理論と矛盾→新たな理論の提唱、というサイクルがあったことも覚えておいてください。

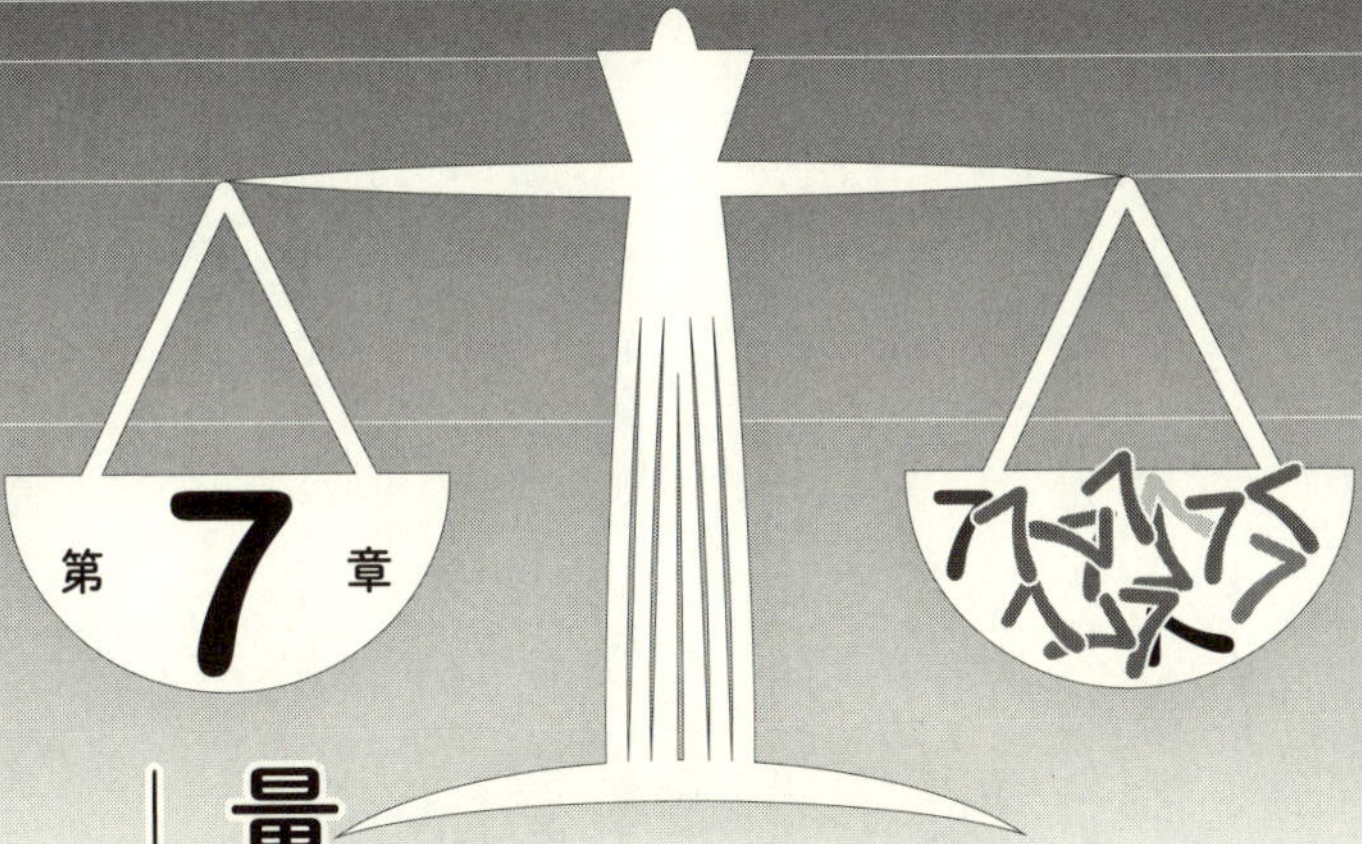

第7章

量子標準の時代
——取り残されるキログラム

量子標準とは

19世紀までの技術を基に生まれたメートル法は、基準として原器を用いましたが、徐々にその限界を露呈します。

メートルの場合、かつては原器が用いられましたが、光の波長を経て、現在では光の速さが定義になっています。そして定義に基づいた測定方法には、レーザーなどが用いられ、原器に頼らない正確な計測が可能となりました。そのレーザーが出現した背景には、原子レベルの現象を扱う、量子力学が生きています。「量子」という言葉には、これ以上分解できない、最小単位、という意味合いがあります。思い出してください。本書の最初の方で計測とは測定対象と単位との比較である、と紹介しました。単位がそれ以上分解できない「量子」であれば、測定はその量子を「数える」ことに相当します。このように「量子」を単位として計測の標準を作り出すことを「量子標準」と言います。量子力学という新しい科学によって、単位が生まれ変わったのです。

単位を書き換えるには最新の科学技術を使用し、最高精度の計測が求められます。量子力学という新しい科学を得た計測学者たちは、早速標準に使えないか検討を始めます。本章ではそのような成果としての原子時計、そして電気量への展開を見てみます。

原子時計の出現

　時間は国際単位系の７基本単位のひとつで、その単位は秒です。はじめは地球の自転による定義が用いられましたが、１９５６年には地球の公転に基づく定義に変更されました。そして１９６７年にはさらに高い精度を出せるセシウム原子の固有の周期に基づく秒の定義に変わり、時間の標準は天文学者から物理学者の手に渡ったことを紹介しました。

　はじめに１９６７年に採択された秒の定義を見てみましょう。

「秒は、セシウム１３３の原子の基底状態の２つの超微細構造準位の間の遷移に対応する放射の周期の９１億９２６３万１７７０倍の継続時間である」

　原子は原子核とその周りの軌道を周回する電子からなります。電子は原子核に近い側から埋まって安定した状態にありますが、外部から電磁波などのエネルギーが与えられるとそれを電子の軌道や磁力の変化などの形で蓄えます。そして元に戻る際、エネルギーをやはり電磁波の形で放出します。プランク定数で説明したことを思い出してください。やりとりされるエネルギーの大きさは、プランク定数と電磁波の周波数で決まります。

　同時に電磁波の周波数は、原子の種類と状態で決まっています。ちょうどバイオリンやギターなど、弦楽器の弦をつま弾くようなものです。弦楽器にはいくつか弦がありますが、特定の弦をつま弾けば同じ周波数の音が発生します。定義にある「セシウム133の原子」というのは弦楽器の種類、「基底状態の2つの超微細構造準位の間の遷移」というのはその楽器の特定の弦を指すようなものです。

そしてその音の周期を91億9263万1770回数えると、1秒になる。言い方を変えるとその周波数は約9・2ギガヘルツである、ということです（なお、プランク定数の説明では黒体からの放射を紹介しましたが、これは熱によって原子や分子などの粒子が放射する電磁波で、右記で示した原子の内部状態の変化による電磁波の放射とはメカニズムが異なります）。このように原子の内部状態の変化による特定の電磁波を、精度の高い時間の基準とするのが原子時計です。エネルギーを加え、原子の内部状態が変化し、それを電磁波のかたちで放出する、というメカニズムは、セシウムに限ったことではありません。しかし他の原子に比べ安定した周波数を取り出せたこと、放出される電磁波（約9・2ギガヘルツ）が電子回路などで扱うのにちょうどよい周波数だったこと、などから時計としていち早く実用化されました。連続駆動に成功したのは1955年、イギリスでのことです。

その後、安定した駆動が見込まれ他の国々でも開発されたことから、現在の秒の定義が1967年から1968年にかけて採択・実施されました。およそ50年前です。ちなみに日本では、1

図７・１　日本で最初に稼働したセシウム原子時計（写真：産業技術総合研究所）

９７１年に産業技術総合研究所の前身のひとつである計量研究所で開発されたセシウム原子時計が稼働しています（図７・１）。

原子時計はそれまでの機械式時計の精度を遥かに上回る、正確な計時を可能にしました。どれくらい正確かというと、１９５５年当時で３００年に１秒の狂いでしたが、現在では３００万年〜３０００万年に１秒しか狂わない、桁数でいうと15〜16桁に及ぶという驚異的な精度です（現在では実験レベルですが３００億年に１秒という不確かさに達しています）。最高精度のクオーツ時計でも１００年に１秒程度ずれるので、どれだけ画期的な技術かわかります。また時間の精度は、周波数の精度でもあります。時間が正確ということは、電磁波の周波数や光の波長が正確に決定できることを意味します。そしてこの正確な時計、周波数が、他の基本単位の定義にかかわることになります。

電気量の定義と実用標準

第5章で述べたとおり、1948年に定められた電流の定義は「……無限に小さい円形断面積を有する無限に長い2本の直線状導体の……」という理想的な構造（図5・4）を示しており、電流天秤はその近似的な実現でしかありません。

第5章のアンペアの説明で紹介した電流天秤の写真（図5・3）を見てください。一見して複雑、あるいはあちこち調整箇所が多くて不安定そうでしょう。その後もメートル法との絶対的な整合性確立に向けた研究は進められました。しかし電気標準同士の比較測定のほうが、測定の精度や再現度に優れていたため、実用上は電池（電圧源）と抵抗による標準の管理が続きました。

オームの法則をご存じでしょうか？ ゲオルク・ジーモン・オーム（1789〜1854年）が見いだした、抵抗、電圧、電流のうち2つがわかれば残りのひとつが導けるという法則です（図7・2）。

つまり実用的な電圧と抵抗の標準があれば、わざわざ電流天秤のような複雑な技術を用いずとも、電気量どうしの実用的な再現性は得られるのです。

電圧や抵抗の標準としては、当初は化学反応による電池、後にツェナー（定電圧）ダイオードと呼ばれる、一定の電圧を発生する素子や、安定した抵抗器が用いられました。

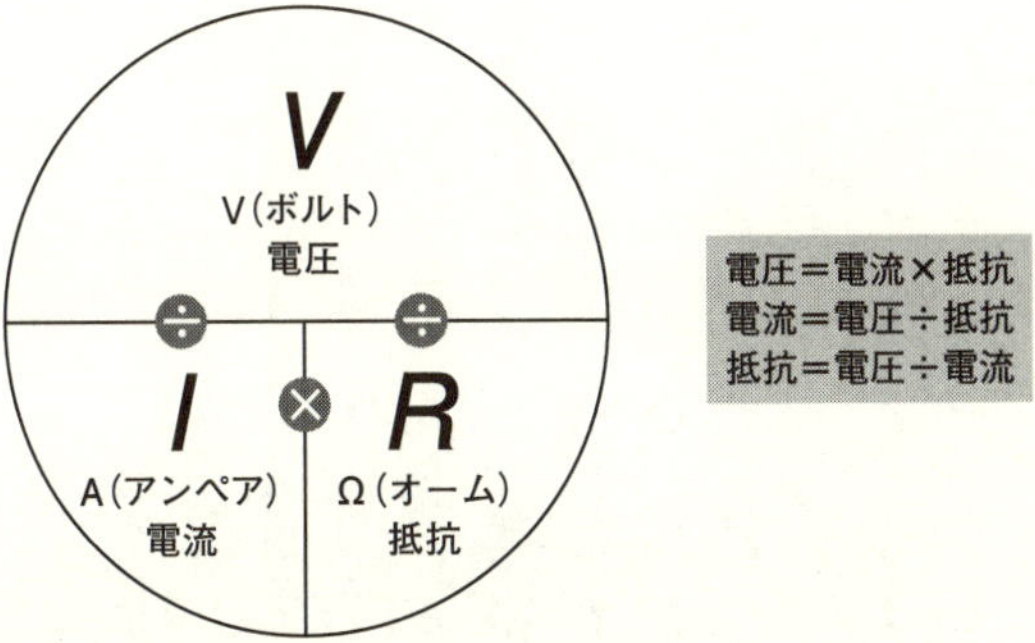

電流、電圧、抵抗はどれか２つが決まると、残りのひとつが決まる。
そのうちでいちばん安定な基準をつくれるもの２つを選べばよい。

図７・２　オームの法則

ツェナーダイオードとは、物理学者であるクラレンス・ツェナー（１９０５〜１９９３年）が電気絶縁体の特性を研究していた過程で開発に結びついた半導体素子です。普通ダイオードは一方向にしか電流を流しませんが、ツェナーダイオードは逆方向であってもある電圧以上になると電流が流れる特性を持っています。その電圧の再現性がとても良いために、電圧の基準にすることができます。

また物質は電気に対して固有の抵抗率（電気の通しにくさ）を持っています。材質を適切に選びサイズを正確に作り込むことで所望の抵抗器が得られます。ツェナーダイオードや抵抗器の特性は温度にも依存しますが、温度の制御技術の向上などもあり、１００万分の１程度の再現性で安定的に電気量を維持できるようになりました。

最も優れた電圧計

このようななか、1962年に量子力学の現象の一種である、ジョセフソン効果が発見されました。ジョセフソン効果とは、通常は電流が流れない、絶縁体で隔てられた電極の間を、ある条件が整ったときに電流が流れる、トンネル効果と呼ばれる現象の一種です（電極は超伝導体でつくります）。このような素子に電磁波が照射されると、素子を流れる電流の周波数が照射される電磁波の周波数に共鳴して正確に決まります。そして、その周波数に応じた電圧が発生するのです。この結果、ジョセフソン効果が生じる素子に電磁波を照射すると、図7・3に示すとおり電磁波の周波数に応じた電圧が、整数倍の階段状に正確に発生するのです。つまり電圧が「量子状」に変化する、量子標準となります。

ここで先ほど紹介した、原子時計を思い出してください。時間（周波数）は15〜16桁という、他の単位とは桁違いに良い精度で測定することができます。照射される電磁波の周波数に応じて電圧が決まるジョセフソン効果にとって、電磁波の周波数が正確なら好都合、電圧も正確に再現できる、ということになります。

そこでこのジョセフソン効果を使った電圧源を作ろうと、研究が始まりました。当初は取り出せる電圧がとても小さかったり、素子の寿命が短かったり、問題が多かったのですが、徐々に性

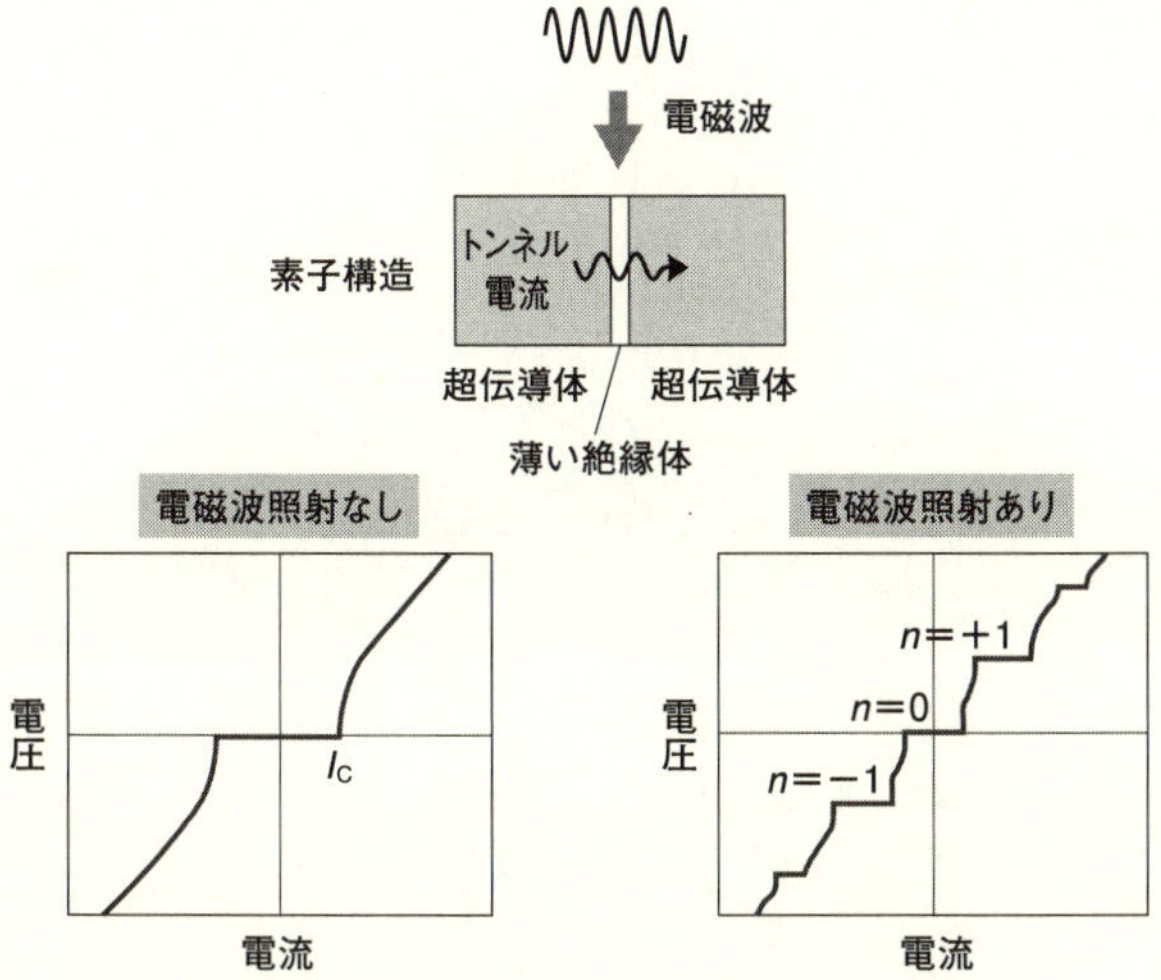

照射する電磁波の周波数に応じた電圧が、必ず整数倍で現れる。

図７・３　ジョセフソン効果と階段状の発生電圧

能が上がり、１９７０年代中頃には電圧の標準にできそうな見通しがついてきました。

なお、前述したツェナーダイオードが一定の電圧を示すのも、量子力学による効果ですが、電圧自体は素子の材質や設計によって決まる、つまり量子化されていない（必ずそれ以上分解できない単位ではない）ので、量子標準とは言えません。

最も優れた抵抗器

さらに１９８０年に、以前から知られていたホール効果に、量子ホール効果という現象が観測され、抵抗標準に応用できることが発見されました。まず、ホー

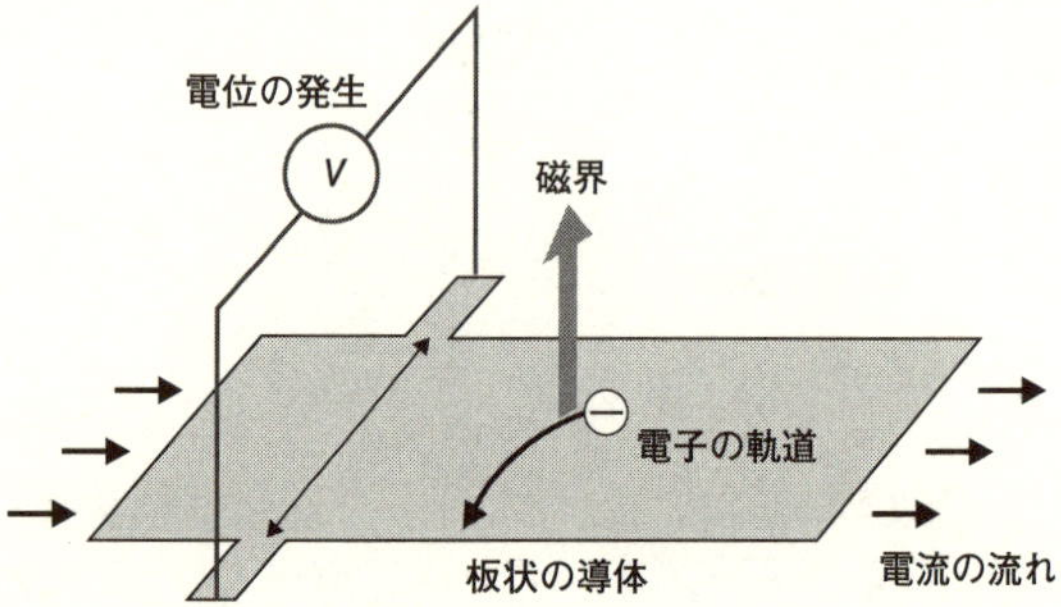

図7・4　ホール効果

ル効果ですが、エドウィン・ホール（1855～1938年）が見いだした、板状の導体に電流が流れるとき、磁場の有無によって電流の向きとは直角方向に電位差（電圧）が生じるという現象です（図7・4）。これは電子の進行方向が磁場によって曲げられる（ローレンツ力）ことで生じますが、電位差は磁場の強さ（磁束密度）に依存します。現在もこのホール効果は磁気センサなどに広く用いられています。

電流の流れに対して電位が発生するということは、見かけ上抵抗が生じていることになります。そしてこの値は磁場の強さに比例します。ここで図7・4の板状の導体に相当する平面を適当な半導体で構成し、極低温に冷やすなど、ある条件のもとで強い磁場をかけると、図7・5のように抵抗が階段状、すなわち量子的に変化する「量子ホール効果」が発生するのです。その抵抗値の再現性は9～10桁程度に及ぶ、最も優れた抵抗器と言えます。そしてこれが抵抗標準に応用されたのです。

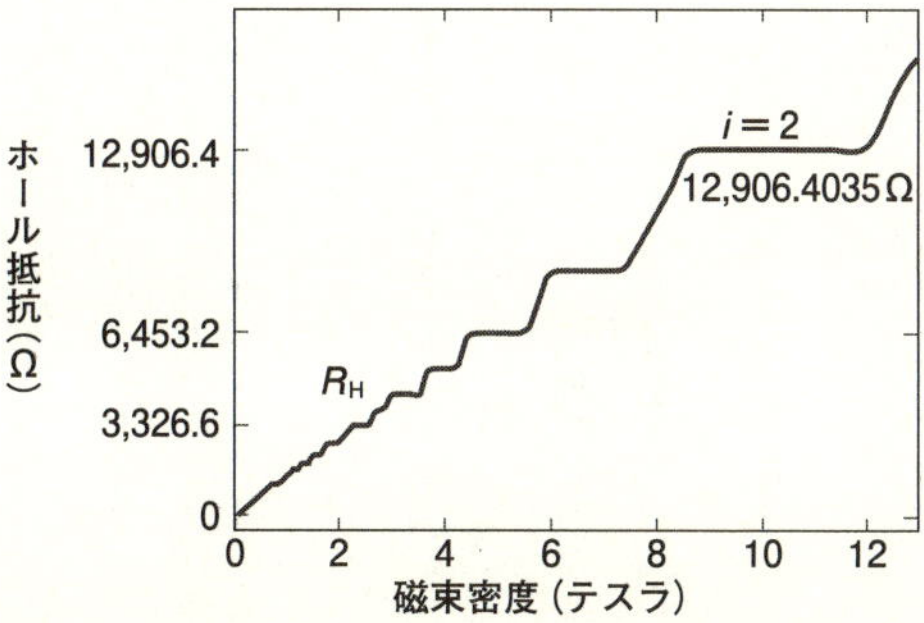

図7・5　量子ホール効果による階段状の抵抗変化

ちなみにジョセフソン効果を発見したブライアン・ジョセフソンは1973年ノーベル物理学賞を（江崎玲於奈博士らと同時）受賞、量子ホール効果を発見したクラウス・フォン・クリッツィングは1985年にノーベル物理学賞を単独受賞しています。

電気量という世界の秩序へ

こうして量子力学の恩恵を受けて、ジョセフソン効果により電圧を11桁程度で、また量子ホール効果との比較により抵抗を9桁程度で、正確に再現することが可能になりました。電流はオームの法則から電圧÷抵抗で求められますから、少なくとも抵抗と同程度の9桁程度で再現可能となることを意味します。

ここで、わざわざ「再現」と言ったことに注意してください。第5章で、また146ページでも繰り返したとおり、電流の定義は「……無限に小さい円形断面積を有する無限に長い2本の直線状導体の……」と定められています。しかし、ジョセフソン効果も量子ホール効果も、長さや力とは直接関係なく、量子力学の下で現れた電気的な現象です。定義に従って現示されたものではないので、どんなに正確に「再現」できても、それは定義の現示とは言えない、つまり国際単位系における電気量の標準と言いがたいのです。定義を忠実にたどるなら、第5章で紹介した電流天秤のような装置を使うべきで、その不確かさはたかだか6桁、100万分の1程度なのです。

ここは思案のしどころです。定義に忠実に従って6桁の不確かさに甘んじるか、国際単位系の整合性を犠牲にしても9桁の再現性を優先するか。

少しこみ入った話になりますが、ジョセフソン効果において、照射する周波数と発生する電圧の関係を決める定数（ジョセフソン定数）と、量子ホール効果で抵抗値を決める定数（フォン・クリッツィング定数）は次のような値とされています。

$K_{J\text{-}90} = 483597.9\ \text{GHz/V}$

$R_{K\text{-}90} = 25812.807\ \Omega$

Jとつくのがジョセフソン定数、Kとつくのがフォン・クリッツィング定数ですが、ここに「-90（ハイフン90）」とただし書きがついている一方、不確かさを伴っていません。これは、1

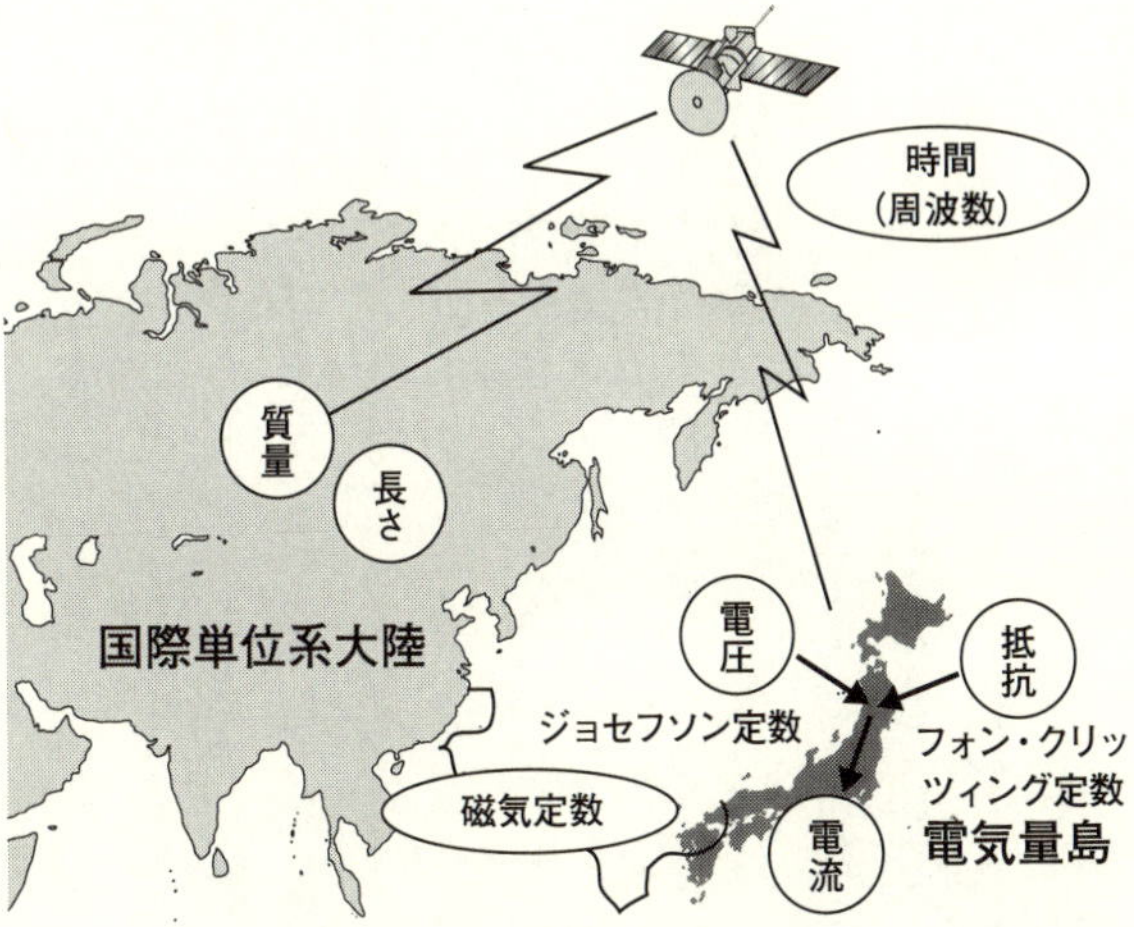

図７・６　国際単位系との整合よりも電気量の再現性・分解能を優先

990年以降、ジョセフソン定数とフォン・クリッツィング定数は不確かさをゼロとする協定値（当時の実験結果から現状合意しうる値を皆で共有しようという取り決め）としたことを示しています。世界の主要先進国では、1990年以降この値を使って電気の標準を設定してきたのです。

この背景として、当時電子機器の性能が向上し、電気量の不確かさが大きいと電子機器の性能を最大限に発揮できないという危惧がありました。つまり、電気標準の閉じた世界の中での再現性や分解能を優先することで、電子機器の性能を向上させる代わり、国際単位系の他の量との整合性を犠牲にするリスクを負ったのです。

たとえて言うなら、国際単位系という途切れない大陸から、電気量どうしの再現性・整合性を優先した出島に移転してしまったようなものなのです（図7・6）。

こうして、第3章で示した「長さ」は光の速さという新たな定義の下で着実に精度を上げ、本章で示した「電気量」は、定義とは異種な理論の下で現示の精度が飛躍的に向上しました。一方で質量は相変わらず原器による標準が続いているのです。

量子力学的な現象によって、出力（結果）が必ず最小単位（量子）で変化するなら、測定は量子を単位として数えることに相当します。本章冒頭で述べたように、「量子」を単位として計測の標準を作り出すことを「量子標準」と言います。

長さにおいて光の波長が長さの最小目盛り（量子）になったように、電気量においてはジョセフソン定数（電圧）、フォン・クリッツィング定数（抵抗）が最小目盛りに相当します。そしてこの目盛りは、基礎物理定数（プランク定数、電気素量）だけで決まっています（詳しくは巻末の付録を参照ください）。

しかし、現時点ではまだプランク定数と電気素量が正確に決まっていないので、便宜上1990年に申し合わせた定数で代用しています。このため、電気測定は電気量（電流、電圧、抵抗など）相互の再現性を向上させた代わりに、他の国際単位系との整合性を犠牲にしています。

そして、この不整合が本書のテーマである定義の改定によって解消するのですが、それは次章以降で説明することになります。

第8章

原器から光子へ

——キログラムと光をつなぐ天秤

プランク定数から質量を決める

20世紀当初にプランクが提唱した量子論、アインシュタインが提唱した光速度不変の原理と、質量とエネルギーの等価原理。最初は単なる仮説でしたが、その後様々な実験や観測によって、これらの仮説が揺るぎない事実であることが明らかになります。第6章で述べたそれらの事実をもう一度まとめると、

・電磁波のエネルギーは最小エネルギーの整数倍しか取り得ず、その最小値は「プランク定数×電磁波の周波数」で与えられる〔式8・1〕

・「質量×光の速さの2乗」はエネルギーと等価である〔式8・2〕

となります。

さて、これらはどちらもエネルギーを与える式なので、2つの式を比較すると「プランク定数×電磁波の周波数＝質量×光の速さの2乗」、つまり「質量＝プランク定数×電磁波の周波数÷光の速さの2乗」となり、プランク定数と光の速さ（及び周波数）で質量を示せることがわかります。

そうです。質量はプランク定数で表すことができるのです。

第3章で光の速さは定義値で厳密に決まっていることに触れました。周波数を求めるためには

エネルギー E、プランク定数 h、電磁波の周波数 f

$$E = hf \quad \cdots\cdots 式8・1$$

$$E = mc^2 \quad \cdots\cdots 式8・2$$

$$mc^2 = hf$$

$$m = \frac{hf}{c^2}$$

時間を正確に測る必要がありますが、これも原子時計で正確に測れます。

ただし、現実にプランク定数とキログラムとをつなぐ技術が必要です。

具体的には、

・プランク定数を国際キログラム原器と比較して、正確に測定する
・逆にプランク定数から1キログラムに相当する質量を作り出す

という両方の技術が必要です。まずプランク定数をどこまで正確に測定する必要があるでしょうか。詳しくは第10章で説明しますが、ここでざっと必要となる不確かさを考えてみましょう。

国際キログラム原器は100年余りの間に、50マイクログラム（1億分の5キログラム）変化したと思われます（くどいようですが、それが実証できたわけではありません。いくつかの同様な原器との比較測定から、その程度の不安定性は避けられないことがわかった、と言った方が良いでしょう）。質量の定義となるためには、少なくとも国際キログラム原器の安定性より、良い精度である必要があります。すなわち、プランク定数を1億分の5よりも良い精度で測定する必要があります。

ここで第6章でプランク定数の説明をしたときに、レーザーポインターから放出される光の粒子がどれだけエネルギーを持っているか計算したことを思い出してください。光の粒子1個あたりのエネルギーは約3・14×10^{-19}ジュールでした。このエネルギーと等価な質量は、光の速さの2乗で割れば良いので、$3.14 \times 10^{-19} \div 300000000^2$で、約3×$10^{-36}$になります。1キログラムの原器とは36桁ほどの隔たりの比較に相当するのです。ただし、光子自体に質量はありません。光子の持つエネルギーが失われるときに、光としての性質も失うかわりに、質量として振る舞うのです。

プランク定数とキログラムを比べる天秤

これほどまでにかけ離れたプランク定数とキログラムとを比較するために考案された装置の一例が、「ワット・バランス」または発明者ブライアン・キッブル（1938〜2016年）の名をとって「キッブル・バランス」です。ここで言う「バランス」とは「天秤」のことです。とはいえ、天秤の一方にキログラムを、他方にプランク定数を載せて比較するわけにはいきません。比較するために、電磁気による力を借ります。第7章で電圧や抵抗はプランク定数に結びつけられることを紹介しました。おおざっぱに言うと、電気で力を発生させ、それでキログラムをつり上げれば、そのときの電流値からプランク定数とキログラムを比較できるのです。図8・1を使

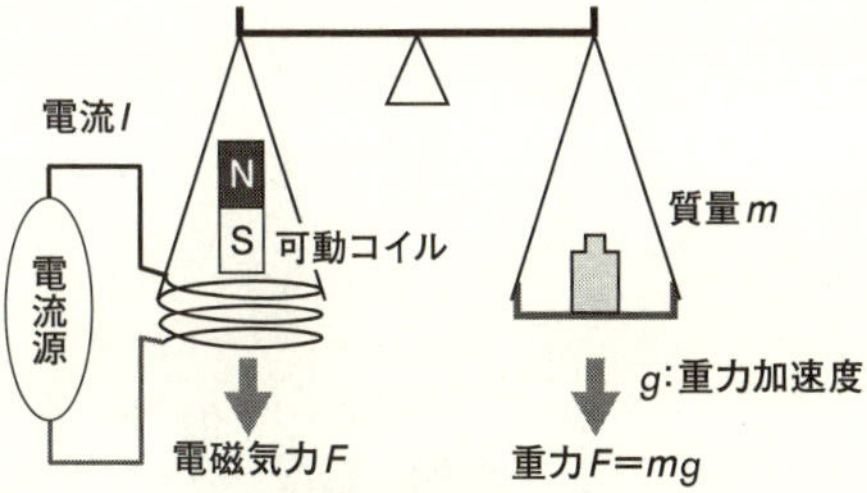

力発生モード

既知の電流を磁界中のコイルに流し、校正対象の質量と釣り合う電磁気力を発生（電流Iと重力Fの測定）

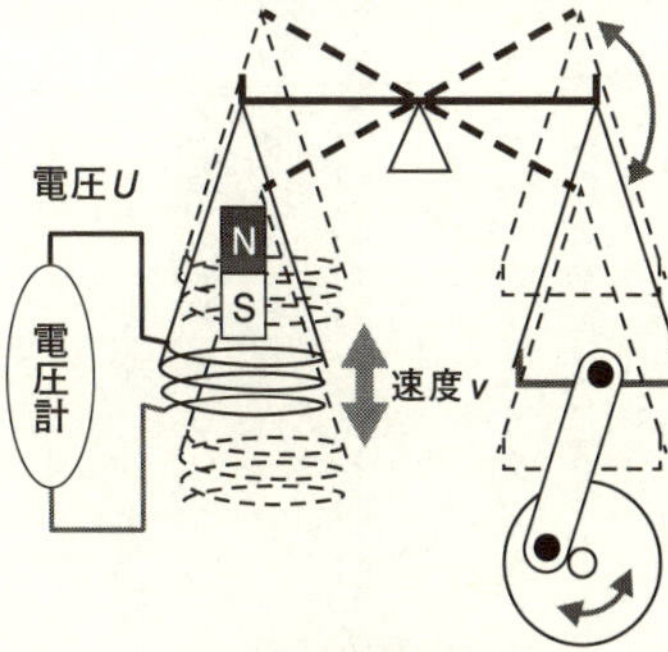

速度発生モード

コイルに既知の速度を与え、磁界中のコイルに発生する電圧を測定（電圧 Uと速度 vの測定）

図8・1　キップル・バランスの原理

重力　電磁気力

$$mg = IBL \quad \cdots\cdots \text{式}8\cdot3$$

$$U = vBL \quad \cdots\cdots \text{式}8\cdot4$$

誘導起電力

$$\rightarrow mgv = IU \quad \cdots\cdots \text{式}8\cdot5$$

$$m = \frac{IU}{gv}$$

って順を追って説明しましょう。

天秤の一方に既知の質量m、もう一方にはコイル状に巻かれた長さLの電線が取り付けられています。そのコイルを永久磁石から発生される一定の磁束Bが貫いています。コイルに電流を流すと、高校の物理で習うフレミングの左手の法則どおり電流に比例した力が働きます。質量に働く力、mgと釣り合うように電流Iを調整すると〔式8・3〕の関係が得られます。

これだけなら第5章の電流の定義と現示方法で触れた、電流天秤と同じです。

この装置の巧みなところはここからです。図8・1下のように錘《おもり》mを取り去り、その代わり天秤の腕を上下に振る装置をつけます（図ではクランクを模していますが、実際はもっと複雑な機構を用います）。また電流源の代わりに電圧計を接続します。天秤が速度vで動いたとき、今度はフレミングの右手の法則に従って電圧が発生します。発生する誘導起電力Uは速度に比例し〔式8・4〕で与えられます。この2つの式を比較すると質量を与える式〔式8・

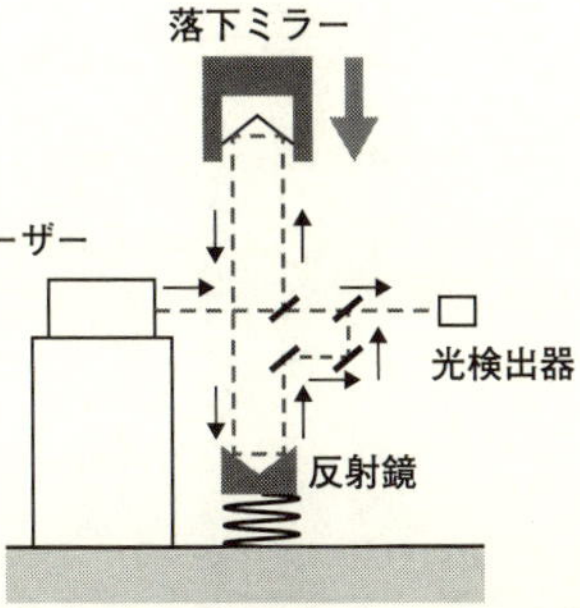

図8・2　重力加速度を測定する装置の模式図

5〕が得られるのです。

〔式8・5〕に登場するIUもmgvも、単位は仕事率・ワットなのがワット・バランスと呼ばれる理由です。磁束を高精度で測定するのは大変難しいのですが、こうしてBとLが消去できるので、電気的な仕事率であるIUと、力学的な仕事率であるmgvを正確に比較することができます。

重力加速度の測定

磁束に関わるBとLは2つの測定モードによってうまく相殺できますが、式に現れるその他の測定項目も十分な精度で、少なくとも目標とする精度である、1億分の5より小さい不確かさで計測しなければなりません。多くの測定項目のうち、ひとつでもその精度を下回ったら、結果として得られるプランク定数も必要な精度を得られません。

ここで重力加速度gは、落下する物体に働く加速度ですから、そのとおり落下する物体の位置を時々刻々測定すれば得られます。そのための装置は第3章で紹介した、光のものさしと同じように実現できます。落下する物体を、光を反射する鏡そのものにすれば良いのです（図8・2）。このような装置によって、必要な精度で重力加速度を測定することが実現されています。また、同様に光のものさしを用いて、図8・1における天秤の速度vもレーザー干渉計などで必要な精度で測ることができます。

電気量との関係

一方、電気的な量である電圧Uと電流Iはどうでしょうか。第7章で紹介したとおり、電圧はジョセフソン効果により、抵抗は量子ホール効果により再現性良く測定でき、同時にオームの法則から電流も正確に再現できます。その再現性は10億分の1より良好です。そしてそれらはジョセフソン定数とフォン・クリッツィング定数を介して、プランク定数と電気素量に帰結するのです。こうして、現在の1キログラムである国際キログラム原器をキッブル・バランスでプランク定数と比較できることになります。

キッブル・バランスは言わば質量とプランク定数の変換器（コンバーター）です。一度既知の質量でプランク定数を決定すれば、次からは電気量（電圧・抵抗）と重力加速度および運動速度で未知の質量を決定できるのです。さらに、電流と力の関係（磁気定数）を介して電気素量も決定できます。このことが電流の定義にも反映されることになりますが、それは第10章で紹介します。

実際のキッブル・バランス

現在までにキッブル・バランスの開発は世界数ヵ国で取り組まれていますが、十分な精度でプランク定数にたどり着いたのは2〜3機関しかありません。それだけ難しいのです。ここではその実例を示しておきます。

アメリカ国立標準技術研究所（National Institute of Standards and Technology　略称ＮＩＳＴ）では、30年以上前からキッブル・バランスの開発に取り組み、その間いくつかの改良機種を開発してきました。その特徴は、天秤の2つの試料皿に相当する部分が、回転ホイールを介して繋《つな》がれていることです。普通の天秤はシーソーのように、弧を描いて上下しますが、回転ホイールとすることで、弧を描かず直線状に上下することになります。こうすることでキッブル・バランスの2つの測定モードのうち、速度発生モードにおける上下動の直進性が良くなり、速度測定精度が向上する、などの利点があります。

これに対してカナダの国立研究機関（National Research Council of Canada　略称ＮＲＣ）のキッブル・バランスでは、シーソー式の文字通り天秤構造を採用しています。もともと天秤は、

図8・3　NISTのキッブル・バランス（上、写真：Jennifer Lauren Lee/NIST PML）とNRCのキッブル・バランス（下、写真：Courtesy of NPL）

大変感度の高い装置です（全人類が乗れたとして、１人分の違いが検出できるほど感度が高いことを思い出してください）。上下動で円弧を描く代わり、天秤という完成度の高い構造をそのまま使うことができます。

なお、ＮＲＣの装置はもともとイギリスの国立物理学研究所（National Physical Laboratory 略称ＮＰＬ）で開発されたものです。海を渡って改良が続けられたのです。そのＮＰＬでは、ブライアン・キッブルが１９７５年に原理を考案しています。

構想から40年、本格的に取り組まれて30年以上掛かって、ようやく必要な精度でプランク定数が得られるようになってきたのです。

トンネルは両側から掘り進め！

さて、キッブル・バランスという計測器によって、キログラムと、光子１個あたりのエネルギー（質量でもある）に相当するプランク定数とが比較、決定できるようになりました。しかし、それで即定義が改定できる、と言うのは早計です。もしかしたら、キッブル・バランスという原理そのものに何か見落としがあって、得られたプランク定数が間違っているかもしれません。複数の機関で測定しても、同じ原理で測定する以上、何か根本的な間違いがあっても気づかない恐れがあるのです（この点でメートルでは、光の速さが様々な原理による装置で測定され、どのような方法で測定しても同等になることを確認した上で定義の改定に進んでいます)。

第4章で、新しい質量標準として、大きく分けて2通りの方法があると述べました。ひとつは既知の原子を多数寄せ集めて、キログラム原器の代わりを作るもの。もうひとつは、ここで示したキッブル・バランス。電磁気力によって発生させた力を用いて質量を定義しよう、というものです。そして前者で鍵になったのは、アボガドロ定数、後者の鍵はプランク定数です。

プランク定数は微小な粒子が持つエネルギーを表す定数です。これに対してアボガドロ定数は一定の容積にどれくらいの粒子がとどまれるか、という充填率を示す定数です。粒子のエネルギーが増えればそれだけ粒子は活発に動こうとし、粒子の間に隙間ができて容器から溢れようとします。このように考えると、アボガドロ定数とプランク定数の間には、何か相関があるように思われます。

実はプランク定数とアボガドロ定数は、相互を正確に結びつける理論式が求められており、一方が決まれば他方も決まるという関係にあるのです。詳細は省きますが、その式によればアボガドロ定数とプランク定数は反比例の関係にあることがわかっています。先ほど述べた、エネルギーが増えると粒子の間に隙間ができる、とは、まさに一方が増えると他方が減る、という反比例の関係ですから、このような式になることは驚くには及びません。

以上のことから、プランク定数とアボガドロ定数は、どちらかを求めればもう一方もわかることになります。そして、双方を別々の方法で求め、換算した結果が同等なら、測定したプランク定数とアボガドロ定数は正しい、と考えて良いでしょう。

たとえて言えば、山の反対側同士から別々の方法で測量しトンネルを掘り進んだとき、測量が正しければちゃんと開通するようなものです。もしすれ違ってしまったら、どちらかが、あるいは両方とも、測量（プランク定数の決定およびアボガドロ定数の決定）に間違いがあったことになります。

この意味で、キログラムを原器から解放してあげるためには、第４章で頓挫した、アボガドロ定数の評価を加速することが必須となったのです。

第9章

新しいキログラムへの道

——動き出した国際プロジェクト

既知の原子を寄せ集めてキログラム原器の代わりをさせる、という方法では、
・原子を数えるために完全な結晶であること
・同位体など質量が異なる原子が混じっていないこと
が必要となります。

理想の材料は？

ここで第4章でも示したとおり、シリコンは集積回路の材料として結晶製造技術が大変進んでおり、キログラム原器の代わりとなるような大きさの結晶を作ることが可能です。また、表面に形成される酸化膜（酸化シリコン）は大変安定しており、他の物質と結びついたりしません。従来の白金イリジウム製キログラム原器の質量変動の原因と考えられる、汚染などにも強いことが期待できます。

ただし、自然界のシリコンには質量数28、29、30の3種類の安定同位体があります。安定、ということは放射線を放って崩壊したりせず、いつまでたっても同位体の比率は変わらない、ということです。シリコンは結晶化とともに、精製技術も半導体製造技術として大変進んでいて、不純物のないシリコンが得られるのですが、同位体はシリコンに違いないので、化学的に特定の同位体を溶かしたり、融点の違いで分離したり、といったことはできません。なんとかこれを分離

して、単一の同位体からなる結晶をつくらないと、キログラム原器の代わりにはならないのです。

3種類の同位体存在比は、自然界のシリコンではシリコン28が92%、シリコン29が5%、シリコン30が3%程度とされていますが、これはおよその値です。このままだと、第4章の最後で示したとおり、存在比の曖昧さだけでアボガドロ定数にして1000万分の1以上の精度悪化が生じました。キログラム原器と置き換えるためには、少なくとも1億分の5より良い精度が必要ですから、大きな隔たりです。これを解決するためには単一同位体だけを取り出す必要があります。何か良い方法はないものでしょうか。

物質を密度に応じて分離する方法に、遠心分離があります。分離したい試料を、洗濯機の脱水機のように回転する遠心機にかけ、試料に加わる遠心力に応じて分離するのです。

3種類の同位体で、いちばん軽いのはシリコン28です。そしてもともと92%と他の同位体に比べ圧倒的に多くを占めていますから、遠心分離で残り8%程度のシリコン29、30を取り除けば理想的な材料になりそうです。しかし、密度の違いはごくわずかなので、通常の遠心分離機では遠心力が足りず、分離できません。

シリコン28を絞り取れ！

頓挫したかに見えたシリコンによるアボガドロ定数の決定ですが、思わぬところから福音がも

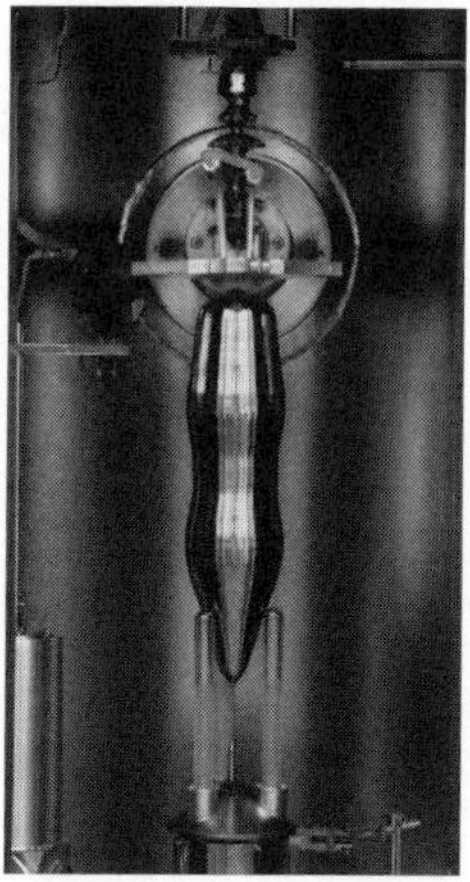

図9・1　濃縮シリコンの単結晶塊（写真：Physikalisch-Technische Bundesanstalt/www.ptb.de）

たらされました。ロシアの核燃料施設がシリコンの遠心分離機による濃縮を買って出てくれたのです。

核燃料は原子力エネルギーの元となる、核分裂を生じる物質を濃縮した物です。例えば天然ウランには核分裂を簡単に起こすウラン235と起こさないウラン234、ウラン238が含まれています。原子力発電など核エネルギーを取り出すためには核反応が連続的に起こるよう、ウラン235を濃縮する必要があります。これは核兵器製造でも同様なのですが、核分裂性物質の濃縮という、特殊な用途のために高性能の遠心分離機が開発されているのです。そして冷戦の終結により稼働しなくなった施設を使って、シリコン28を濃縮する構想が持ち上がったのです。

このような濃縮は、大変手間とコストが掛かります。そして得られた材料は大変貴重です。また、アボガドロ定数の決定には様々な計測が必要で、単一機関がその技術すべてを備えるのは困難です。そこで一機関が独占して行うよりも、複数の機関でコストを負担し合い、さらにそれぞれが得意なことで貢献しよう、というアボガドロ国際プロジェクト（International Avogadro

Coordination　略称ＩＡＣ）が立ち上がりました。２００４年のことです。かつてのキログラム原器、メートル原器製作のために、各国が協力して貴重な地金を作り出したことを思い出しませんか。

このプロジェクトには日本から産業技術総合研究所の計量標準総合センター（ＮＭＩＪ）、ドイツ物理工学研究所（ＰＴＢ）、イタリア計量研究所（ＩＮＲＩＭ）、オーストラリア連邦計量研究所（ＮＭＩＡ）、アメリカ国立標準技術研究所（ＮＩＳＴ）、イギリス国立物理学研究所（ＮＰＬ）の6機関、そして国際機関である欧州標準物質計測研究所（ＩＲＭＭ）、国際度量衡局（ＢＩＰＭ）などが参加しました。そして遠心分離法による同位体濃縮、化学精製、多結晶化などを経て99・９９％まで同位体濃縮された5キログラムのシリコン28同位体濃縮単結晶が得られたのです。図９・１は、濃縮されたシリコンを、ドイツの工場で単結晶化したときの様子です。

原子の間隔を測る

こうして一様な材料（シリコン28）が、規則的に結晶として並んだかたまりができました。第4章でアボガドロ定数がどんなに巨大な数か、バスケットボールで説明しましたが、その説明と同様、バスケットボールが、隙間なく規則的に並んだかたまりを想像してください。そのバスケットボールは単一同位体で、異なる質量の同位体は混じり込んでいません。次にアボガドロ定数

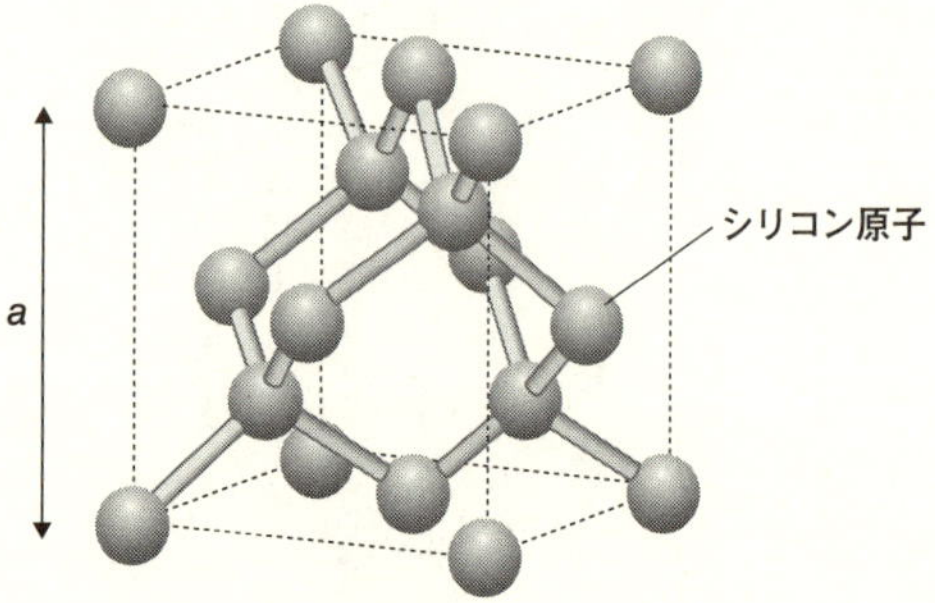

図9・2　シリコン結晶構造

を決定するためにやることは、バスケットボールの大きさを測ることです。これは、結晶の最小単位である、格子定数を測定することに相当します。

シリコンの結晶は、図9・2に示す立方晶と呼ばれる、ダイヤモンドと同じ構造をしています。格子定数はaに相当し、これを一辺とする立方体の中に8個のシリコン原子が含まれます。バスケットボールで説明したときにも出てきた規則的な最小構造に含まれる原子の数、充填率に相当します。体積a^3につき8個のシリコン原子が存在するということです。

シリコンのかたまり全体の体積を、体積a^3で割って、それに8を掛けるとかたまりに含まれるシリコン原子の数が得られます。一方かたまり全体の質量は天秤で測れますから、以上の情報からある質量に含まれる原子の数を特定でき、アボガドロ定数を決定できます。

シリコン結晶の格子定数は温度20℃、真空状態において約

543ピコメートル（1ピコメートルは1兆分の1メートル）であることまではわかっていました。しかし、これはアボガドロ定数を決定するにはおおざっぱで、結晶格子の微小な長さを、さらに1億分の1の精度で精査する必要があります。なぜなら、結晶格子の値が正しくないと、かたまりの中に含まれる結晶の数も正しく評価できないからです。

X線干渉法

結晶格子を正確に評価するために用いられたのは、X線による回折像です。X線は波長の短い電磁波で、レントゲン撮影でわかるとおり、光を遮るような物質も突き抜けていきます。しかし、原子のような障害物にぶつかると進行に影響を受けて、そこを基点に波紋のようなX線の波が広がっていきます。これを回折と呼びます。結晶のような規則正しい構造で回折が起こると、回折によって生じた波どうしが干渉して、波の強弱として像が発生します。これは光の干渉と同じ理屈です。こうして生じた像はX線回折像と呼ばれ、この像を分析することで結晶構造を知ることができるのです。

格子定数はX線の波長を基準としてX線回折像から求められていましたが、基準となるX線波長自体がレーザー光などと違い不確かで、十分な精度で格子定数を測定できないという問題がありました。

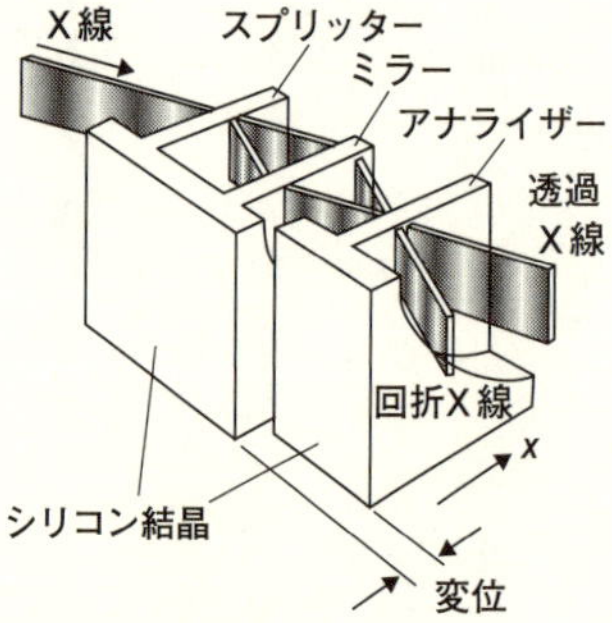

図9・3　結晶格子評価の方法

この課題にはアメリカ、ドイツ、イタリア、日本が以下に示すX線干渉法という技術で挑みました。

まず、ひとかたまりのシリコン結晶を加工して、3枚の薄い結晶片が平行に動くような構造にします。もともとひとかたまりの結晶から削り出しているので、3枚の結晶片は隔たっているとは言え、もとの結晶と同様、同じ向きに原子が整列しています。ここにX線を照射すると、普通のX線回折像が現れます。このときのX線の波長精度は低くても構いません。ここで3枚の結晶片のうち1枚を結晶方向と平行に移動します（図9・3）。すると、格子定数に相当する移動距離にあわせて、回折像が明滅します。この移動距離はレーザー干渉計で正確に測定できるので、格子定数を十分な精度で測定することができるのです。ちょうど2枚の格子戸が、互い違いに引き戸で交差すると格子の間隔ごとに明暗が現れるのと同じ理屈です。このような方法によって格子定数の評価に取り組んだ国々のうち、最終的にイタリア計量研究所が格子

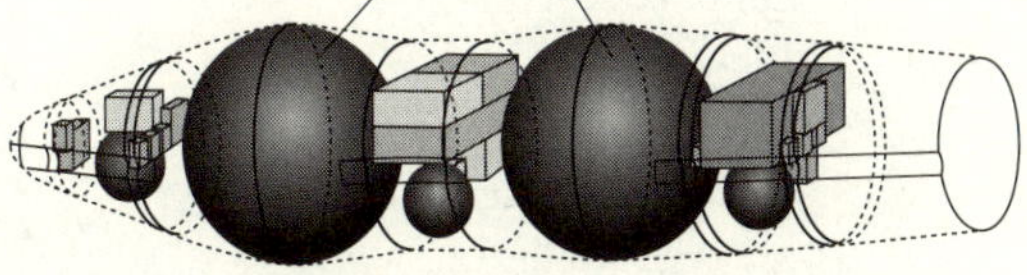

図９・４　シリコン塊から切り出される２個の球と様々な試験片

定数を10億分の４の精度で明らかにしました。

体積を測る

次に必要なのはシリコン結晶のかたまりの体積を測ることです。この課題には、アメリカ、イタリア、日本、ドイツが取り組みました。まず、アボガドロ国際プロジェクトで製作した5キログラムのシリコン28の結晶塊から、アボガドロ定数測定用に、1キログラムに相当する球を2個削り出すことができました。前後しましたが、この時同じかたまりから、先ほどの結晶格子評価に用いた、結晶片も削り出しています。また、その他化学分析に使う試験片など、様々な試料を取り出していきます。何しろ濃縮シリコンは貴重ですから、どんな端材も無駄にせず、それを使って様々な評価をしなければなりません（図９・４）。

削り出した球の直径は約94ミリメートル。これでほぼ1キログラムになります。なぜ球形かというと、それがいちばん体積を正確に測定できるからです。角があるとどうしても削れて丸みを帯びたり、加工で欠けたりしてしまうのです。もちろん、できる限り完全な球にしなければな

図9・5　オーストラリアで研磨されたときのシリコン球（写真：Courtesy of CSIRO, Australia）

りません。そのための加工にはプロジェクトメンバーのオーストラリアが取り組みました。レンズ磨きの技術を用いて、完璧に近い球を磨き上げたのです（図9・5）。

その球体の質量と体積を精密に測定し、密度を決定します。体積測定には第3章で説明したのと同様な、レーザー干渉計が用いられます。図9・6に示すように、いわばレーザーでシリコン球を挟み込むようにして直径を測定します。試料台はシリコン球を回転させ様々な方向からの直径測定を可能にします。そして得られた直径から体積を計算するのです。ここでも定義が光の速さとなることで、飛躍的に精度が向上した長さ測定の恩恵を受けていることがわかりますね。

また、温度が変化すると球体が膨張収縮してしまいます。そこでシリコン球が置かれる試料室の温度

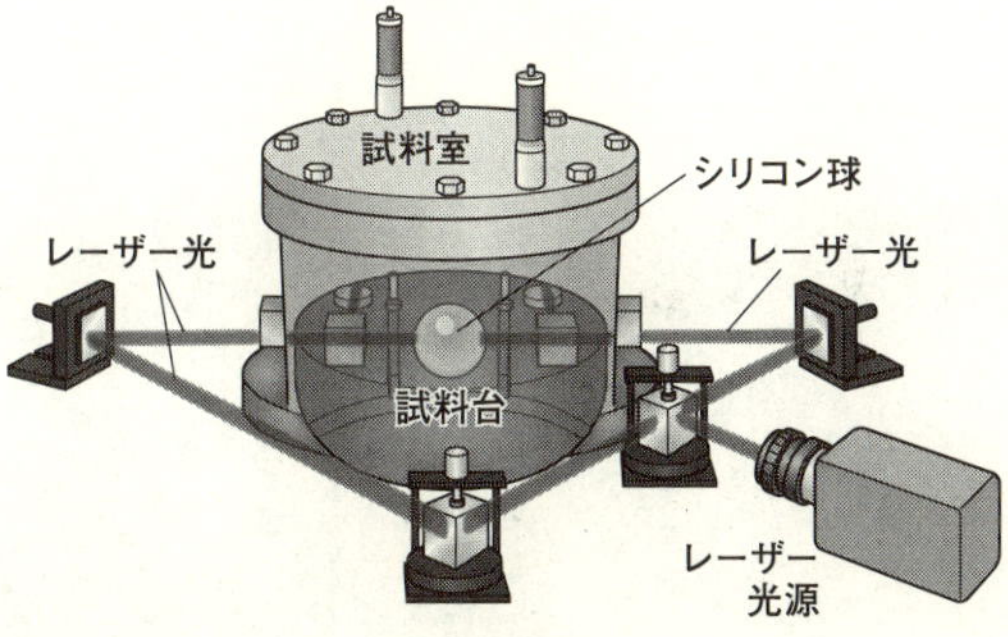

図9・6　シリコン球の直径測定装置

も極めて安定させています。これらの工夫から、産業技術総合研究所での直径の測定精度は0・6ナノメートルを達成し、ほぼ原子間距離（格子定数）に相当する究極の精度を達成しました。また、球体の形状自体もこの直径測定で明らかになり、その凹凸は最大でも50ナノメートルであることがわかりました。これは球体を地球の直径に拡大したとしても、10メートルにも満たない凹凸に相当します。人類が作った、最も完全な球と言えます。

こうして直径測定の精度、完璧な球、それを多方向から測定した結果を併せて、体積に換算すると、産総研では2×10^{-8}、1億分の2の精度で球体体積を決定することができます。最終的に必要な精度まで体積を測定できたのは、日本、そしてドイツでした。

なおシリコン球体の質量は、超高精度な質量比較が可能な真空天秤を用いて、キログラム原器と比較して測定しています。天秤による測定は、もともと十分な精度があることはす

図9・7　日本（産業技術総合研究所・計量標準総合センター）のシリコン球体積測定装置

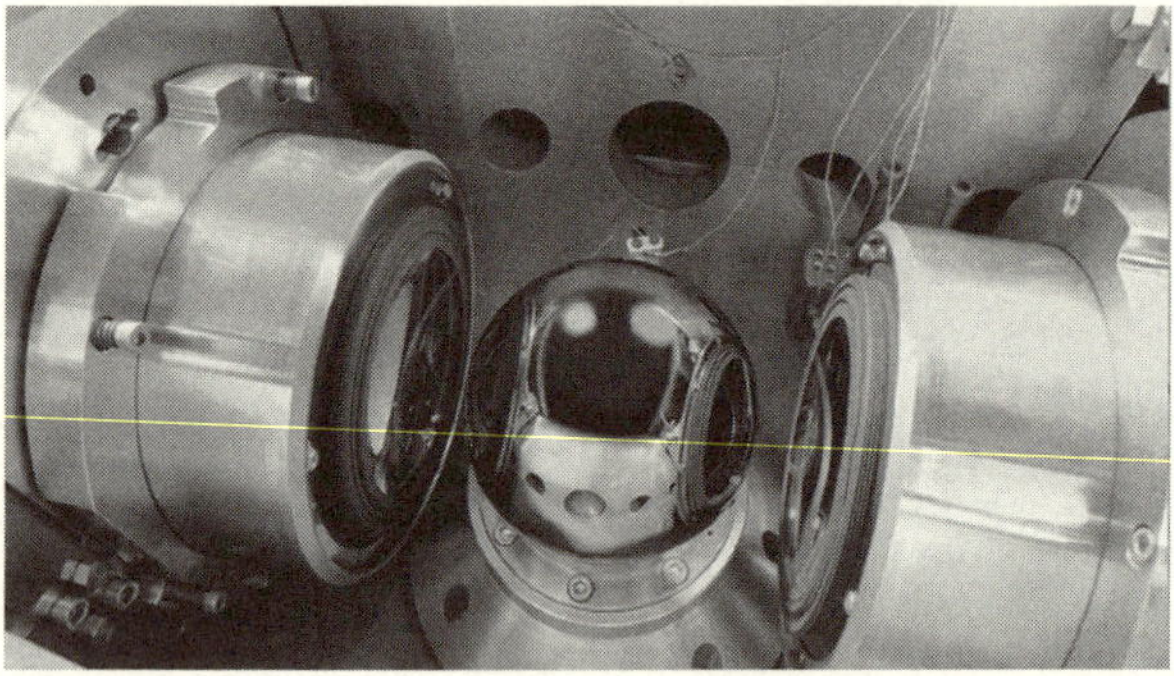

図9・8　ドイツ物理工学研究所のシリコン球体積測定装置（写真：Physikalisch-Technische Bundesanstalt/www.ptb.de）

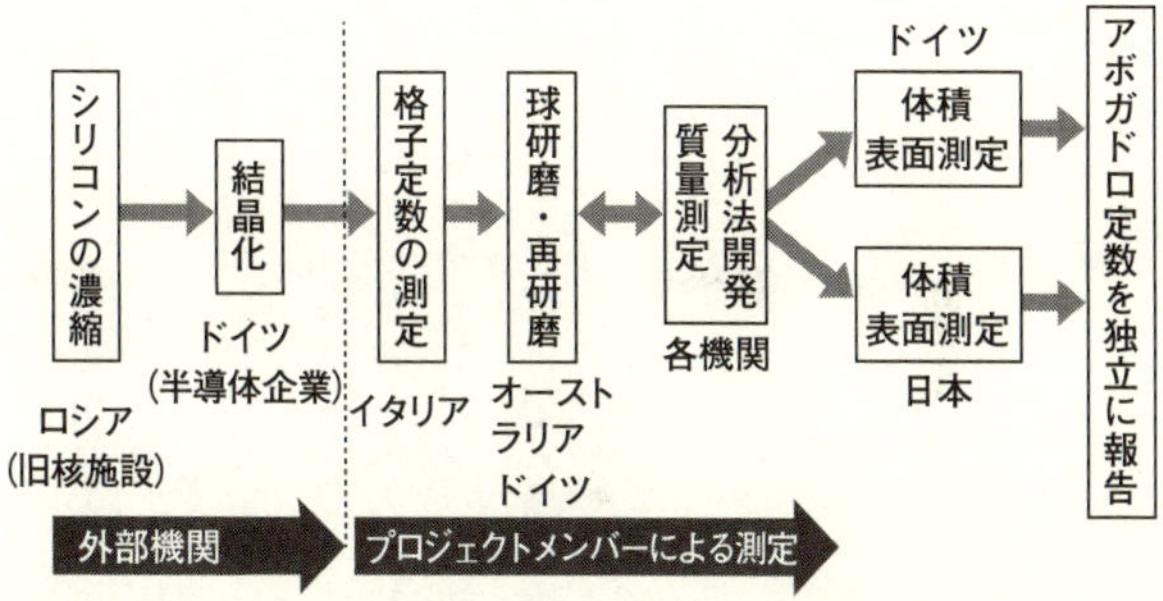

図9・9　アボガドロ国際プロジェクトにおける担当と測定

でに述べたとおりです。

表面を測る

シリコン球体表面は、酸化膜などからなる厚さ数ナノメートルの表面層に覆われていることがわかっています。いわば薄皮を被《かぶ》っているのです。シリコン原子を数えてプランク定数を決定するには、表面を分析して、薄皮の材質と厚さを評価し、その分を除かなければいけません。そこで、産総研では表面にX線を照射し、生じる光電子のエネルギーを測定することで、試料表面の構成元素と状態を分析する装置（X線光電子分光装置）と、試料に照射した光の反射偏光状態から試料表面上の薄膜の厚さを測定する装置（分光エリプソメトリー）によって球体の表面を分析しました。通常、このような分析では微小な試料を分析するのが普通ですが、必要な測定精度を得るためには球体全面について分析する必要があります。そこでシリコン球体の回転機構を備え、球体の全表面を分析できるシステムが開発されました。球体表面層の組成を決定し、さらに球体表面層の厚さを0・1ナノメートルの精度で測定します。シリコン球体の質量と体積の測定値をこの表面層分析結果で補正し、シリコン本体の質量と体積を決定しました。

同様の分析はプロジェクト参加各国でも行われ、それぞれの結果を比較することで、妥当性を検証しつつ進められました。ただし、表面分析などはシリコンの微小片でも評価できますが、球体としてのシリコン球の体積を測定し、十分小さい不確かさでアボガドロ定数まで評価できたのは、日本とドイツだけでした。

こうして、19世紀に原器を作製したときのように国際的な協力のもと、18世紀のフランス革命下の測量のように遥かな道のりを経て、日本とドイツからアボガドロ定数が報告されたのです。

第10章

一気にゴールへ
――メトロロジストたちの奮闘

メートル条約

キッブル・バランスによりプランク定数が、アボガドロ国際プロジェクトによりアボガドロ定数が測定できました。どちらの定数も、理論的には等価である（一方が決まれば他方も高精度で決まる）関係にありました。それでは測定結果から、いよいよプランク定数が決定され、質量の定義を変えられるのでしょうか。そこに至る歩みを見る前に、そもそもこのような結果の検証、判断、普及がどのような仕組みで行われているのかを紹介しましょう。

計量単位の統一を目的に、メートル条約が1875年に成立し、加盟国に原器が配付されたのは第2章で紹介したとおりです。しかし、当時においても長さの基準は十分でなく、将来見直しが必要と認識されていました。つまり条約の成立が計量単位の統一ではなく、統一の始まりだったわけです。

計量単位の見直しは影響が大きいため、技術的・学術的な検証と同時に、国際的な合意形成が欠かせません。そのための枠組み作りもメートル条約および関連組織との間で進められてきました。メートル条約を中心として見たときの、その枠組みは図10・1のようになります。「国際度量衡総会」は加盟国が一堂に会するメートル条約下の最高議決機関で、概《おおむ》ね4年ごとに開催されます。単位の定義改定も総会決議事項です。例えば長さは1983年に光の速さに基づく定義に

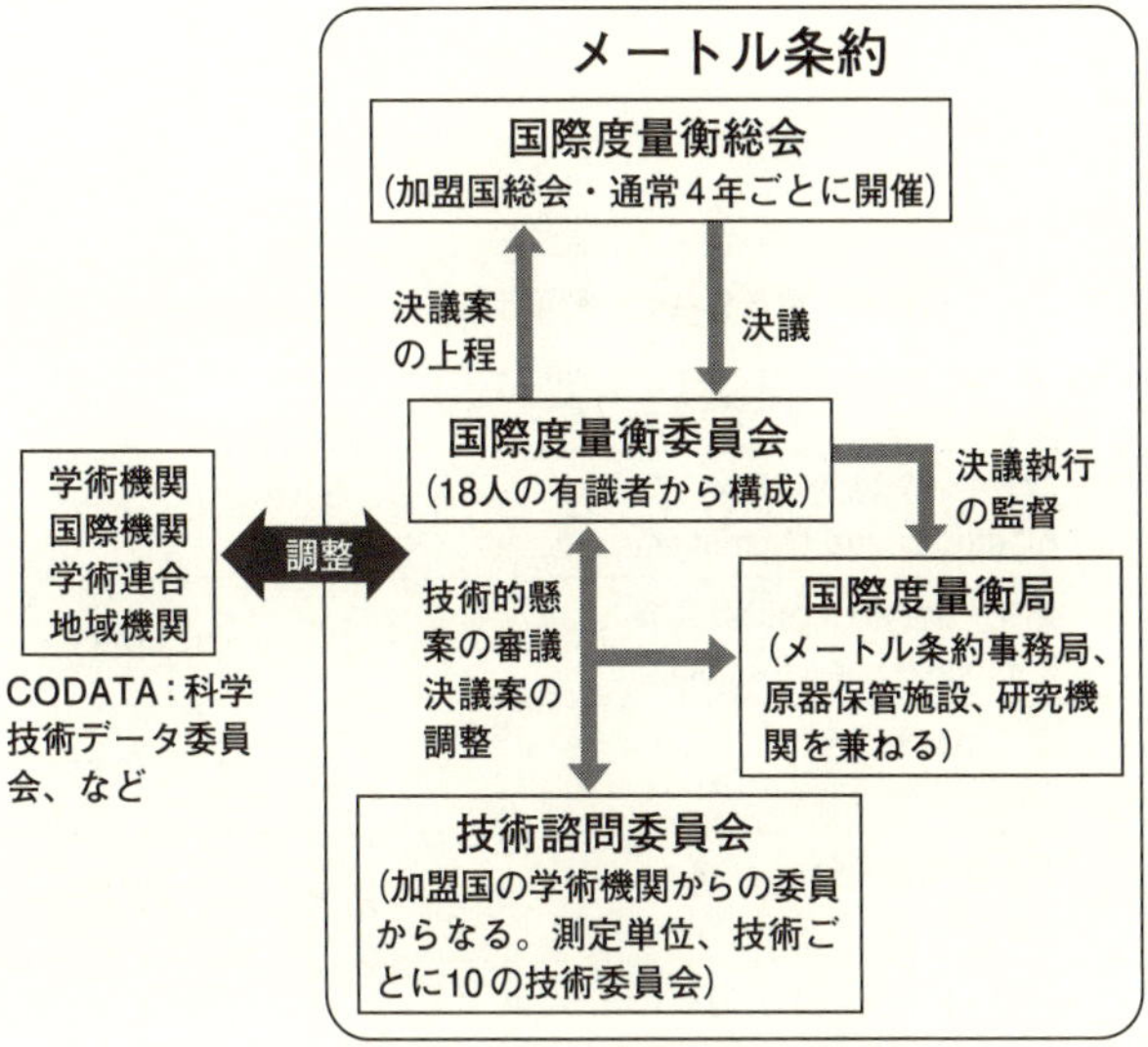

図10・1　メートル条約における単位見直しの枠組み

変わっていますが、これも総会で決議されたのが1983年だったというわけです。

次にこのような総会に諮《はか》る議題は「国際度量衡委員会」が起草します。そしてその原案は「技術諮問委員会」で検討される、という関係にあります。

現在の技術諮問委員会には10の委員会が設置されています。その内訳と創設年は表10・1のようになります。

各技術諮問委員会は、メートル条約加盟国の国家計量標準機関（NMI）代表から構成され、研究や検証結果が報告されます。こうして単位の定義、現示などが妥当かどうか、あらゆる角度から検討、監視される体制ができ上がっている

表10・1　技術諮問委員会とその創設年

技術諮問委員会	創設年
電気・磁気諮問委員会 Electricity and Magnetism	1927
測光・放射測定諮問委員会 Photometry and Radiometry	1933
測温諮問委員会 Thermometry	1937
長さ諮問委員会 Length	1952
時間・周波数諮問委員会 Time and Frequency	1956
放射線諮問委員会 Ionizing Radiation	1958
単位諮問委員会 Units	1964
質量関連量諮問委員会 Mass and Related Quantities	1980
物質量諮問委員会：化学計測 Amount of Substance – Metrology in Chemistry and Biology	1993
音響・超音波・振動諮問委員会 Acoustics, Ultrasound and Vibration	1998

のです。そして、もし必要とされる精度に対して、現在の単位の基準が及ばないと判断されたとき、単位の定義や現示方法の改定が検討されるのです。

国際度量衡総会

メートル条約の最高議決機関である、国際度量衡総会は2014年までで25回行われています。この総会における決議事項は、そのまま単位や標準の歴史でもあります。それは科学技術史上の発見や発明の反映であり、また通商上の要求の反映でもありました。これまで本書で触れた主な過去の総会決議事項を時系列で記すと、下記のようになります。

第1回（1889年）原器に基づく長さ、質量単位の承認
　第2章で示したとおり、国際原器が製作され、その安定性が確認され、管理体制が確立したことを受けて、国際原器の指定と各国原器の配付が承認されました。

第3回（1901年）重力加速度標準値の声明
　今日でも標準値として用いられる重力加速度の値、9・80665メートル毎秒毎秒（m／s^2）が報告されました。

第9回（1948年）水の三重点に基づく国際温度目盛りの承認

第5章で示した、水の三重点を0・01℃とする熱力学温度の体系が承認されました。

第11回（1960年）「メートル」（m）の定義を真空中における放射波長に基づいて決定

第3章で示したクリプトンランプからの放射光によるメートルの定義が採択されました。また、これまでに追加されてきた単位を国際単位系として体系化することを承認しました。ちなみに国際単位系の仏語（Système International d'unités）から、SIと呼ばれることがあります。

第13回（1967年）熱力学温度の単位名称とその記号「ケルビン」（K）及びその定義を決定

第5章で述べた熱力学温度、ケルビンの単位はこのとき承認されました。

第14回（1971年）国際単位系（SI）基本単位として物質量の単位「モル」（mol）を採用

ここで7つの基本単位が出そろいました。

第17回（1983年）「メートル」（m）を光の速さに基づく定義に改定
　第3章で示したとおり、今日に続くメートルの定義は、このとき承認されました。
第24回（2011年）今後考えられる国際単位系（SI）の改定
　国際キログラム原器の長期的な安定性や、電気量との整合性を考慮して、キログラム、アンペア、ケルビン、モルの4基本単位について、将来改定することを承認しました。ただしその時期については明言しませんでした。
第25回（2014年）今後の国際単位系（SI）の改定
　前回の第24回と同様な決議ですが、2011年以降の計測結果を踏まえ、次回開催が予定される2018年に4基本単位の新定義採択を目標とすることを承認しました。

国際度量衡局

メートル条約の事務局にして原器保管庫であり、校正機関である国際度量衡局（BIPM）もメートル条約の成立に併せて設けられたことは第2章で触れました。

　現在は質量（キログラム原器の管理を含む）、時間（国際原子時の決定）、電磁気、量子放射、

図10・2　BIPMの本館（フランス政府からの寄贈当時（左）および現在。（写真：Courtesy of the BIPM）

及び化学（今のところ主としていくつかの有機純物質とガス）の5分野の計量標準に関する研究と校正が行われています。

　BIPMの所在地はセーヌ川を見下ろすパリ郊外、風致地区の一角にあります（図10・2）。かつての領主の名をとったブルトイユ公爵の館（Pavillon de Breteuil）と呼ばれる本館の建造は1672年、ルイ14世の治世に遡ります。その後ナポレオンの別邸（狩猟の休憩所）などにも使われたそうですが、普仏戦争で破壊され、廃墟となっていたところ、1875年のメートル条約の成立に伴い、フランス政府から敷地とともに寄贈されました。

　敷地内にはブルトイユ公爵の館の他、寄贈以降に建てられた研究棟もいくつか存在しますが、いずれも外観は往時を偲ばせる配慮が施されています。また、風致地区に位置する施設として、四季折々の植栽も施されています。

　外観に反して、内部は研究内容に応じて空調や防振、電磁的なシールド設備などが与えられています。後述しますが、キッブル・バランスもここで開発されています。周囲との調和を維持しつつ、最新の研究に耐えうる施設として整備してきた先人の努力には、ただただ敬意を表するばかりです。

国家計量標準機関とメトロロジストたち

第2章でも述べたとおり、メートル条約の成立と相前後する頃、各国でも国内の計量標準の維持、校正を行う機関が設立されました。その多くはメートル条約への加盟に合わせて、原器の管理機関ともなりました。今日、各国を代表するそのような機関は一般に、国家計量標準機関（National Metrology Institute　略称ＮＭＩ）と呼ばれています。ここまでいくつかの機関における測定や研究の取り組みを紹介してきましたが、それらの機関も多くはＮＭＩです。そして日本のＮＭＩは産業技術総合研究所・計量標準総合センターです。海外に対してはNational Metrology Institute of Japan（略称ＮＭＩＪ）と称しています。どこかで見かけたら、本書を思い出してください。

我々ＮＭＩは日頃密接に連携しています。測定が正しいかどうか、自分の結果だけでは、判断できないのです。同等の実力を持った機関が独立に測定した結果と比較して、はじめて正しいと確信できること、あるいは間違いが見つかることがあるのです。

また、第9章で紹介したアボガドロ国際プロジェクトのように、多数のＮＭＩで協力してひとつのことに当たる、ということも多くあります。このようなとき、誰かが間違ったら、他の測定をどんなに正しく正確に行ってもすべてが水の泡です。お互いが厳しい批評者であり、同時にかけがえのないパートナーなのです。

そしてNMIで働く研究者は、誇りをもって「メトロロジスト（metrologist）」と自称しています。metrology（計量学）に従事する研究者、という意味です。計測だけでなく、その信頼性を担保する土台からを担っている、という自負があるからでしょう。そしてこれまで触れてきた何桁にも及ぶ計測結果の、一桁一桁に、メトロロジストの叡智《えいち》と努力が込められているのです。

科学技術データ委員会（CODATA）

定義の改定に至る歩みを語る際に、もうひとつ重要な組織があります。それが論文として報告された複数のデータを、統計的に処理して、最も確からしい調整値を報告する、科学技術データ委員会（Committee on Data for Science and Technology）、通称CODATAです。

今日、日々多くの研究論文が報告されています。報告されたデータは他の論文に引用され、新たなデータを生み出します。

Aという機関とBという機関が、同じ研究対象Xに対して異なるデータXa、Xbを報告したとしましょう。どちらも優れた研究機関で、間違えたわけではなく、誤差やまだ未解明な原因によってデータが異なってしまいました。一方、Cという機関がXのデータを用いて、別のYという研究対象を調べようとしています。このときCは2つのデータ、XaとXbのどちらを用いるべきでしょうか。誰かがXaとXbから、その時点で最も確からしい値を計算して公表し、皆がその値を使うようにすれば混乱を生じません。CODATAはそのような要請から、国際科学会議（International Council for Science）によって設置された国際科学委員会です。そしておよそ4年に1回の割合で基礎物理定数の推奨値を定期的に公表しており、その値はあらゆる分野で採用され、最も信頼性の高いデータとして国際的に広く引用されています。

定義改定への条件

以上の組織と体制のもとで議論の後、定義改定への条件は以下の通りとなりました。キログラムの定義改定に必要なプランク定数およびアボガドロ定数の測定結果が、次の3つの条件を満たすこと。

①異なる測定原理で測定した3つ以上の独立した結果が、相対標準不確かさ50マイクログラム毎キログラム（1億分の5）で整合すること
↓　国際キログラム原器の100年以上に及ぶ安定度が50マイクログラム程度である、という推定から要求される条件です。また信頼性を確保するために、単一の機関によるデータ

でなく、複数機関（3つ以上）が同程度の結果を出すことを求めています。
②そのうちのひとつは20マイクログラム毎キログラム（1億分の2）よりも小さいこと
↓　国際キログラム原器の安定度にかかわらず、分銅から分銅への短期的な質量比較は天秤の性能とも相まって、20マイクログラム程度で行われていることを鑑《かんが》み、定義改定後も、同程度の質量比較に耐え得るようなデータが求められるのです。
③最新の校正によって国際キログラム原器へのトレーサビリティが確保されたデータであること
↓　当たり前ですが、測定値は国際キログラム原器との比較において意味があるので、新たに国際キログラム原器との校正が必要となります。国際キログラム原器と各国のキログラム原器とは30年ほどに1回しか比較しません。直近の定期校正でも1988〜1992年にかけて行われた報告が最後です。プランク定数・アボガドロ定数を測定している機関は、手元のキログラム原器と比較測定しているので、自分のキログラム原器が狂っていたら結果を信頼できません。そこで日本を含む、プランク定数・アボガドロ定数を直接測定している機関に対して、特別に各国が保有するキログラム原器と国際キログラム原器との比較校正が国際度量衡局で行われました。
以上はキログラムの改定に必要な条件です。ここでは詳述しませんが、熱力学温度・ケルビン

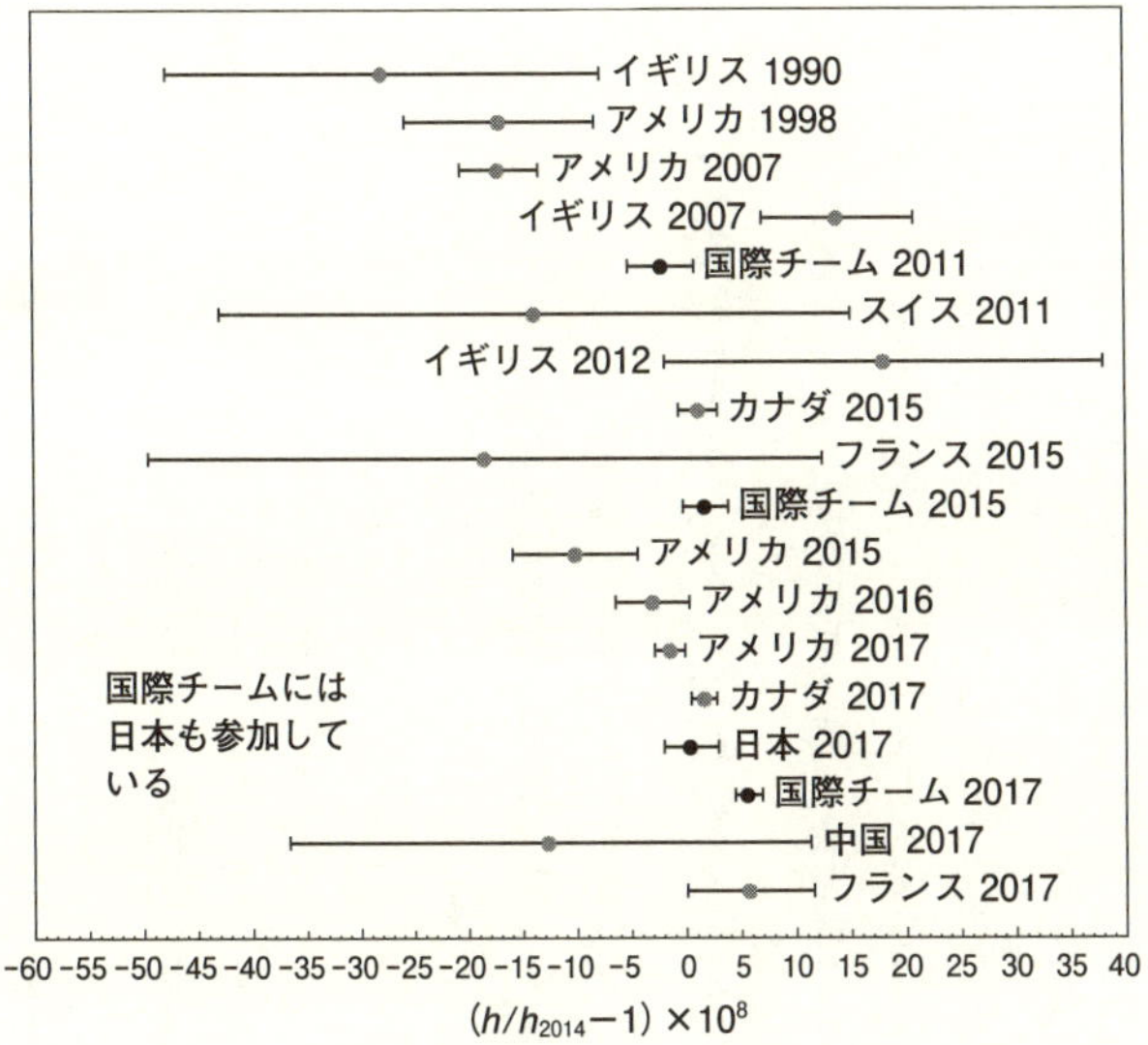

図10・3　プランク定数報告値の推移

の改定を満たすボルツマン定数の測定精度についてもその条件を定めました。

基礎物理定数確定への歩み

プランク定数もアボガドロ定数も、古くから計測が試みられてきました。キログラムの定義に使えることは理屈としてはわかっていても、測定精度が上がり、同時に複数機関からのデータが整合して現実にその可能性が認識されてきたのは、ここ30年ほどのことです。

アボガドロ定数とプランク定数は数式を介して正確に比較できるので、どちらの測定精度も無次元化すれば同じグラフで比較できます。各測定値を時系列で追った経緯が図10・3です。２００７年から２０１１年にかけて、１億分の5程度の不確かさで報告されています。ただしお互いのデータは不確かさ以上の隔たり（不整合）があり、先ほど提示した条件を満たしていません。

それでも２０１１年に開催された第24回の国際度量衡総会では、今後考えられる国際単位系の改定、と題して、将来（時期を定めず）定義を改定すること、それに向けて各国関係機関が測定を急ぐことの勧告、を決議しました。

その後も測定値の精度は上がり、２０１２～２０１４年に掛けて各機関のデータが整合する（不確かさの範囲で一致する）ようになりました。このような状況を踏まえて、２０１４年に開催された第25回の国際度量衡総会では、２０１８年に定義改定を採択できるよう、必要な処置を講ずる、という具体的なゴールを定めた決議がなされました。

一気にゴールへ！　締め切りは2017年7月1日

その決議を受けて、国際度量衡委員会では２０１７年7月1日までに最新のデータを報告するよう、世界の研究機関に呼びかけました。２０１８年に決議するためには、逆算してこのときがデータ報告の締め切りと見込んだのです。そしてこの期日までに報告されたデータ（学術論文として査読の結果採択されたデータ）を、ＣＯＤＡＴＡが収集、統計処理し、定義改定を満たす状況になったかを判断することとなりました。

ここまで述べてきたとおり、複数の機関がキッブル・バランスを用いてプランク定数を、アボガドロ国際プロジェクトのもとでアボガドロ定数を測定してきました。しかし、この締め切りまでに十分な精度、すなわち1億分の5程度の不確かさで報告できたのは、キッブル・バランスによるものはアメリカ、カナダ、またアボガドロ国際プロジェクト参加機関で最終データまでたどり着いたのは、ドイツ、そして日本だけでした。

ちなみに、日本はシリコン球体の評価から、2・4×10^{-8}（1億分の2・4）の精度でアボガドロ定数を測定して報告しました。この精度は、1キログラムに換算すると24マイクログラムであり、国際キログラム原器の質量安定性である50マイクログラムを大きく凌《しの》ぐレベルです。この日本からのデータは、プランク定数／アボガドロ定数の決定に大きく寄与しました。

また、ここでは詳述しませんでしたが熱力学温度の定義改定に必要なボルツマン定数は、アメリカ、フランス、イギリス、イタリア、ドイツおよび中国から報告された値に基づきＣＯＤＡＴＡが推奨値を算出しました。

さらに、プランク定数が求められると、ジョセフソン効果・量子ホール効果のもとで、電気素量を決定することができます。そこで電気素量の推奨値も同時に報告されました。

2018年11月、新たな定義の採択へ

2017年7月1日までに世界各国のNMIによって報告されたプランク定数およびアボガドロ定数から統計的に処理した結果、CODATAはプランク定数、アボガドロ定数を次の通り報告しました。

プランク定数　$6.62607015 0\times10^{-34}$ J s
相対不確かさ　1.0×10^{-8}
アボガドロ定数　6.022140758×10^{23} mol^{-1}
相対不確かさ　1.0×10^{-8}

測定値の桁の多さに目がくらみそうですが、相対不確かさに注目してください。プランク定数、アボガドロ定数とも、相対不確かさは1.0×10^{-8}（1億分の1）、すなわち1キログラムあたりにすれば10マイクログラムに相当します（プランク定数もアボガドロ定数も、等価なので、相対不確かさは同じ値になります）。この値は、先に述べた定義改定の条件である、「20マイクログラム毎キログラム」を十分上回っています。

また、ボルツマン定数、電気素量は次の通り報告されました。

ボルツマン定数　$1.380649 03 \times 10^{-23}$ J K^{-1}
　相対不確かさ　3.7×10^{-7}
電気素量　$1.6021766341 \times 10^{-19}$ C
　相対不確かさ　5.2×10^{-9}

そこで国際度量衡委員会では、定義改定に必要な条件は満たされたとして、2018年11月に開催される国際度量衡総会において、次の通りキログラムの新定義を提案することとしました。

キログラムの新定義

キログラムはプランク定数の値を正確に6・62607015×10^{-34}ジュール・秒（Js、これはまた m^2 kg s^{-1} とも表せる）と定めることによって設定される。

キログラムはプランク定数（単位はジュール・秒）で間接的に示されることになります。これまでの定義とは全く異なり、異質なものに見えます。しかし、恣意的に選ばれた国際キログラム原器ではなく、いつでもどこでも不変なプランク定数による、未来永劫不変な合理的定義と言えます。同時にこれまでの定義「国際キログラム原器の質量」に比べ直感的にわかりにくいことはいなめません。

この定義からどのようにして質量が導かれるか、改めて考えてみましょう。プランク定数は、ある周波数をもつ電磁波（光）のエネルギーを次の式で与えます。

光子のエネルギー（J）＝プランク定数（Js）×光の周波数（1／s）

この式を使ってレーザーポインターの赤い光の粒子1個あたりのエネルギーを求めると、約3・14×10^{-19}Jとなります。さらに、質量とエネルギーの等価原理から、このエネルギーは約3×10^{-36}kgに相当することがわかります。

すなわち「1キログラムは波長633ナノメートル（赤いレーザーポインターの光に相当）の光子の約3×10^{35}個分のエネルギーと等価な質量」と表現できるのです。

あるいはこう考えてはどうでしょう。光の粒子はまた、次の式で与えられる運動量を持ちます。

光子の運動量（m kg s^{-1}）＝プランク定数（Js）×光の周波数（1／s）／光の速さ（m／s）

この光子がある物体に吸収されると、運動量保存の法則からその物体は光子が持っていた運動量を得て速度が増します。このことから「ある物体の質量は、光子1個あたりの運動量を得たときのその物体の速度の変化から決定される」ことがわかります。レーザーポインターの例では運動量が約1・05×10^{-27}m kg s^{-1}と求まるので、「1キログラムは波長633ナノメートル（赤いレーザーポインターの光に相当）の光子1個が吸収されたときに約1・05×10^{-27}メートル毎秒の速度変化を生じる質量」とも言えるわけです。

プランク定数による定義から、質量を2つの表現で示しました。プランク定数という、様々な物理現象に関わる基礎物理定数による定義だから、このように複数の表現が可能でそれらが相互に等価なのです。ちょうど長さを光の速さで定義することで、光の飛翔時間や波長など、複数の方法で長さ計測を可能にしたのと同じです。このような多様性を可能にすることは、基礎物理定数による定義の本質的なメリットのひとつです。

つぎに、電流（アンペア）、熱力学温度（ケルビン）、物質量（モル）については、その新定義を電気素量、ボルツマン定数、アボガドロ定数のCODATA推奨値に基づいてそれぞれ次のように提案することとしました。

アンペアの新定義

アンペアは、電気素量の値を正確に1・602176634×10^{-19}クーロン（C、これはまたAsとも表せる）と定めることによって設定される。

第5章で、電子はあまりにも微小で、しかも電子が運ぶ電気の量（電気素量）も小さいので、電流が力学的に定義された経緯を述べました。新しい定義では電気素量が確定され、アンペアはクーロンによって間接的に示されることになります。電流がもともと電子の流れであることを考えると、ようやく本来の姿を表したことになります。

ケルビンの新定義

ケルビンは、ボルツマン定数の値を正確に1・380649O×10^{-23}ジュール毎ケルビン（J／K、これはまたkg m^2 s^{-2} K^{-1}とも表せる）と定めることによって設定される。

CODATAではボルツマン定数が9桁まで報告されました。しかし議論の末、温度計測では8桁まであれば十分であると結論され、8桁目を四捨五入した値で定義することとしました。

モルの新定義
1モルは正確に6・02214076×10^{23}個の要素粒子を含む。この数値はアボガドロ定数である。

従来のモルの定義にアボガドロ定数は出てきませんでした。第5章で述べましたが、個数ではなく、質量に基づいて間接的に定義されていたのです。新定義ではわかりやすく、明示的に個数で定義されることになります。

2019年5月20日、定義改定へ

CODATAによって報告された推奨値は、実験値を基にしていますから、不確かさを伴っています。

2018年の国際度量衡総会では、この値が定義値となり、不確かさが取り去られます。その代わり、今は定義であり不確かさがゼロである、国際キログラム原器がその不確かさを引き受けることになります。

そして、実際に改定された定義で校正などが行われるのは、2019年5月20日からとなります。NMIや関係する機関での周知期間、準備期間をおくためです。ちなみに、5月20日はメー

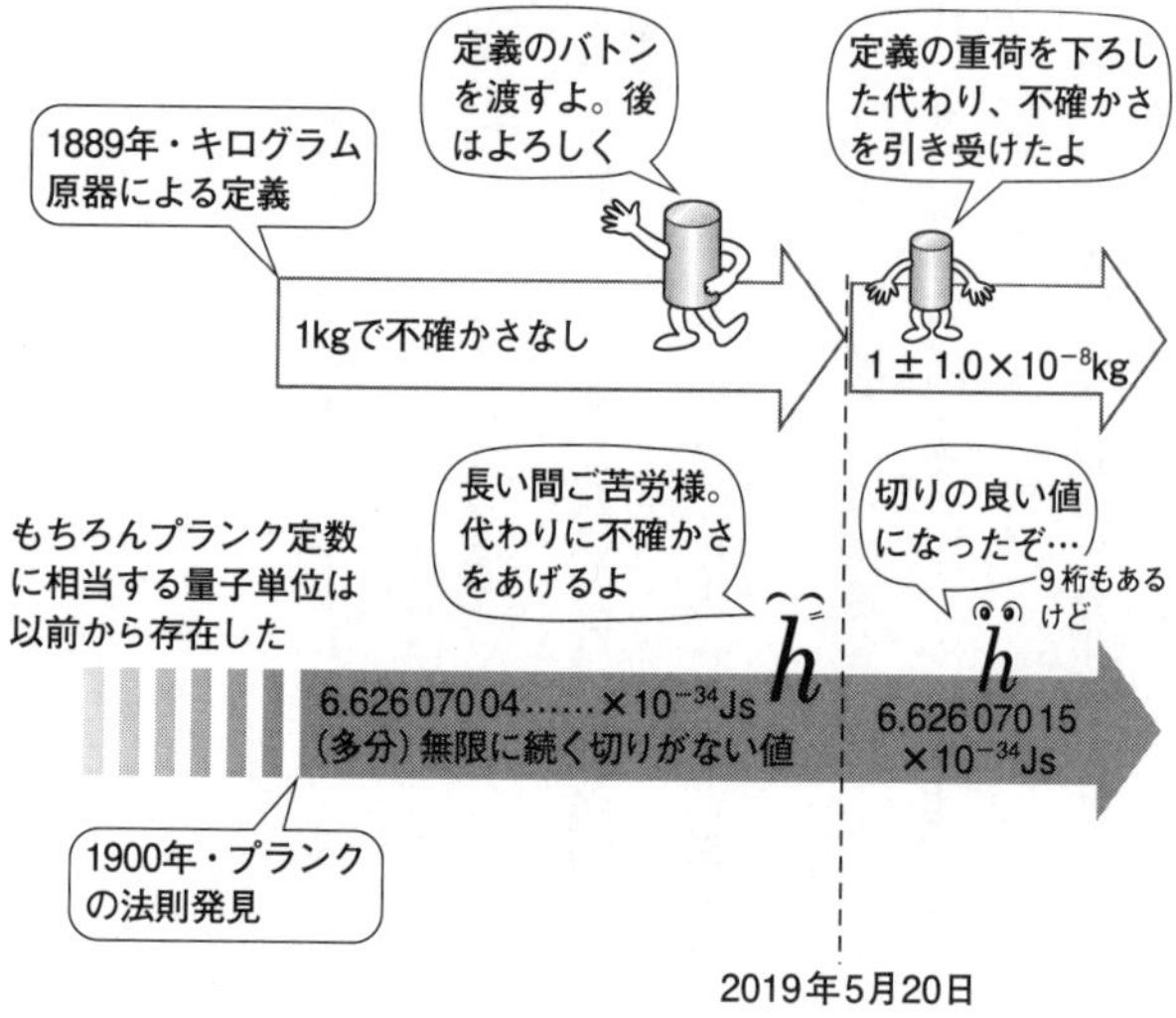

図10・4　定義改定前後のイメージ

トル条約が成立した日にちなんで、世界計量記念日とされています。1875年のメートル条約成立以来144年、キログラム原器が各国に配付された1889年以来130年を経て、国際単位系は原器から解放されるのです。

第11章

定義改定がもたらすもの

——すべての時代にすべての人々に

何が変わるのか？

２０１８年の国際度量衡総会では、国際単位系7基本単位のうち４つ、キログラム、アンペア、ケルビン、モルの定義が改定されます。その施行は２０１９年5月20日に一斉に行われ、１３０年にわたる国際キログラム原器による質量標準に終止符が打たれます。それでは定義改定の瞬間、何が変わるでしょうか。

はっきり申し上げましょう。

「何も変わりません」

補足すれば、何にも影響しないよう、慎重に定義を変えるので、皆さんは気がつかないのです。定義が変わった瞬間、体重が変わったり、平熱の体温が変わったりしたら、大変です。そのようなことは一切ありませんし、もちろん今使っているはかりや温度計が、定義改定を境に使えなくなることもありません。

ただし、長期的には様々なメリットが想定されます。まず、質量が国際キログラム原器に引きずられて変化する、という懸念がなくなります。もっと具体的、技術的なメリットについては後ほど紹介しますが、まず全体像からもう一度おさらいしましょう。

基礎物理定数による定義

現在の基本単位は7つ、長さ、質量、時間、電流、熱力学温度、物質量、光度が選ばれています。基本単位、というと、それ以上分解できない根源的な量目、という印象がありますが、実際には相互に相関・依存関係があります。これはどういうことか、定義から見てみましょう。第5章でも示しましたが、表11・1に7基本単位の従来の定義を改めて示します。

定義から明らかなとおり、「長さ」は時間に依存しています。つまり正確な計時があって初めて長さが決まる、ということです。同様に「電流」は電線の長さやそれに働く力に依存しています。長さや力測定が正確でないと電流を決定できない、ということです。光度は光のエネルギーを示しているので、時間、長さ、質量に依存します。一方、熱力学温度は「熱」というエネルギーの一形態を表す量でありながら、他の基本量とは依存関係がなく水の三重点という物質の状態を基準にして定められています。また実用上の温度は「国際温度目盛」に従っています。さらに、電流は第7章で示したとおり、力の測定精度の限界などから、他の基本単位（具体的には「長さ」と「質量」）との関係を断つことで電気量どうしの整合性を優先しています。

以上の基本単位の相互関係を示したのが図11・1です。

矢印の先にある単位は、矢印の元にある量の影響を受けることを示しています。質量は他の多

表11・1　従来の7基本単位の定義（ただし簡略に示している）

量目	単位	定義	採択年
長さ	m	単位時間に光が真空中を伝わる行程の長さ	1983年
質量	kg	国際キログラム原器の質量	1889年
時間	s	セシウム133原子が発する電磁波の固有の周期	1967-1968年
電流	A	真空中に1メートルの間隔で平行に配置された無限に細く無限に長い2本の直線状導体が一定の力を及ぼし合う電流（真空の透磁率を規定）	1948年
熱力学温度	K	熱力学温度の単位、ケルビンは、水の三重点の熱力学温度の1/273.16	1967-1968年
物質量	mol	0.012キログラムの炭素12の中に存在する原子の数に等しい数の要素粒子を含む系の物質量	1971年
光度	cd	周波数540×10^{12}ヘルツの単色放射を放出し、所定の方向におけるその放射強度が1/683ワット毎ステラジアンである光源の、その方向における光度	1979年

くの単位に影響を及ぼすため、国際キログラム原器の揺らぎがそのまま単位系の脆弱性に結びつきます。また、電流は1990年以降、ジョセフソン定数とフォン・クリッツィング定数の協定値を採用することで、厳密には長さ、質量との関係を絶っています。長さと質量から電流に向かう矢印に×印がついているのはこの事情を示しています。

このようにこれまでの基本単位は、人間の感覚（重さ、長さ、視覚、温感、等）に沿いつつ、その後の科学的な知見（光

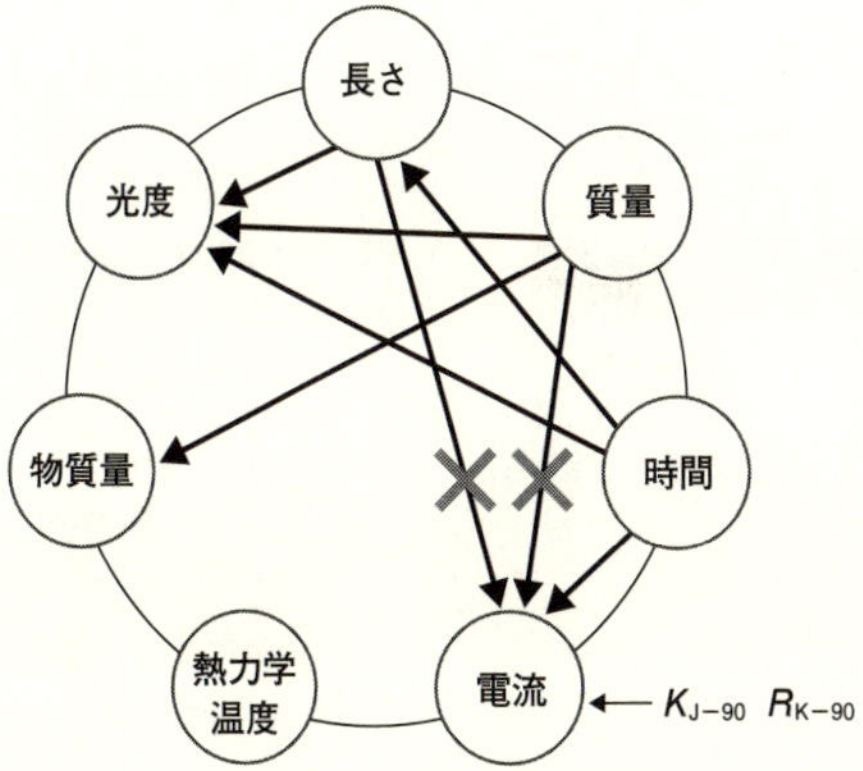

図11・1　従来の基本単位の相互関係

はエネルギーの一形態である、など）および実用上の便宜（電気量や国際温度目盛など）を総合的に考慮したものであることがわかります。調和させた、とも、妥協させた、とも言えましょう。ここで新たな定義の特徴をまとめると表11・2のようになります。

そして図11・2は改定後の各基本単位の依存関係を示します。

これまではなにものにも影響を受けない、文字通り独立であった質量は、定義改定後はもはや単独では決められず、長さや時間に依存することになります。ただし長さ、時間は第3章や第7章で紹介したとおり、極めて正確に測定できるので不都合はありません。モルはいずれにも依存しませんが、プランク定数とアボガドロ定数の比較から他の量との整合性は担保されることになります。電流は再び他の単

表11・2　新たな定義の主な特徴（下線で示した単位が改定対象）

2018年まで	2019年5月20日以降
基礎物理定数による定義： ・メートル（光の速さ） ・アンペア（磁気定数） ・カンデラ（視感効率） ただし視感効率は常用定数	基礎物理定数による定義： ・メートル（光の速さ） ・カンデラ（視感効率） ・<u>キログラム（プランク定数）</u> ・<u>アンペア（電気素量）</u> ・<u>ケルビン（ボルツマン定数）</u> ・<u>モル（アボガドロ定数）</u>
物質定数に基づく定義： ・秒（セシウム原子） ・ケルビン（水） ・モル（炭素原子）	物質定数に基づく定義： ・秒（セシウム原子）
原器に基づく定義： ・キログラム（国際原器）	原器に基づく定義： ・該当なし

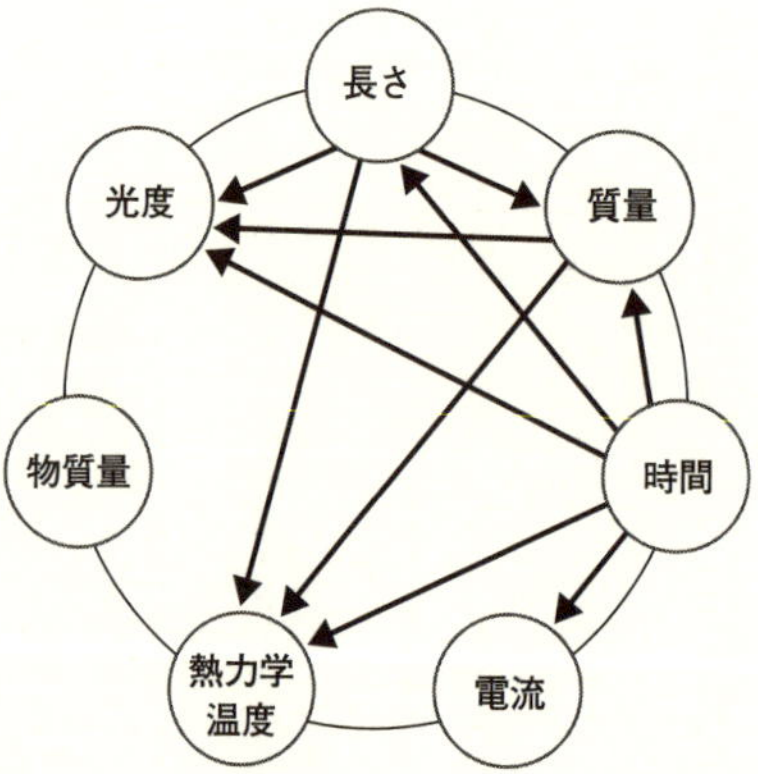

図11・2　定義改定後の基本単位の相互関係

位との整合性を取り戻します。そして熱力学温度は、水という特定の物質から解き放たれ、ボルツマン定数という普遍的な定数で定義されます。

このように、改定によって定義と実際に行われる測定との乖離・矛盾が相当程度解消され、「単位系」というシステム全体の整合性・信頼性が向上することになります。このことは計測の信頼性が向上することに他なりません。定義の改定がもたらす、大きなメリットがここにあります。

質量の新定義による影響

これまで何度か触れてきたとおり、国際キログラム原器はごくわずかですが、質量の変動が疑われてきました。そうでなくても器物は常に破損や摩耗のリスクを負っています。質量の定義がプランク定数という不変・普遍的な基礎物理定数で定義されることで、長期的な変動への懸念や破損による致命的リスクから解放されます。これは大変わかりやすいメリットです。定義改定後は、これまでプランク定数とアボガドロ定数の測定に用いられた、キッブル・バランスやシリコン球がそのまま質量の現示手段となります。第10章で紹介したとおり、日本は$2 \cdot 4 \times 10^{-8}$（1億分の2・4）の精度でアボガドロ定数を測定する能力があります。もし今日国際キログラム原器が破損してしまっても、日本はキログラムを独自に維持することができます（別のシリコン球でもその質量を同等の精度で決定することができます）。このような能力を持つのは現在、世界で日本、アメリカ、カナダ、ドイツということになります。

一方、天秤の優れた分解能から、日常的には引き続き天秤と分銅の組み合わせによる質量計測が行われると予想されます。そして日本、アメリカ、カナダ、ドイツなど、新たな定義で質量を実現できる国々および国際度量衡局が共同で分銅を評価し、他の国々はそれを活用して質量の標準を維持することが見込まれています。この点は、定義が光の速さになることで直ちに測定精度が向上した長さとは事情が異なりそうです。

電流の新定義による影響

電流は電子が移動していることですから、それ以上分解できない単位は電子のもつ電荷（電気素量、素電荷）です。電気素量の値による新たな定義「アンペアは、電気素量の値を正確に1・602176634×10^{-19}クーロンと定めることによって設定される」は、電流の本質に従っていると言えます。

ところで電流の新定義に忠実に従うならば、電子1個1個を数えて、1秒間に規定の数の電子を移動することになります。何個の電子を移動すれば1アンペアになるのか？　これは第5章でも概算しましたが、約6・24×10^{18}になります。仮に電子を1秒あたり624万回（6・24メ

表11・3　ジョセフソン定数とフォン・クリッツィング定数

ジョセフソン定数	1990年協定値	483,597.9 GHz/V
	見直し後	483,597.85 GHz/V
	相対的変化	約1,000万分の1
フォン・クリッツィング定数	1990年協定値	25,812.807Ω
	見直し後	25,812.8075Ω
	相対的変化	約1億分の2

ガカウント）移動しても、それは1ピコアンペアにすぎず、現状では電子をバケツリレーのように移動して電流の標準を実現するのは現実的でありません。

一方、先に述べたとおりジョセフソン効果（電圧）と量子ホール効果（抵抗）という抜群に安定した実現手段があります。そしてオームの法則から電流も安定して得ることができます。さらにジョセフソン効果も、量子ホール効果も、プランク定数と電気素量から決定されます。つまり電気素量が確定して電流の定義が書き換えられても、事実上は現在の電圧と抵抗の実現方法はそのまま使え、それによって電流も実現できることになります。同時に電気量はプランク定数を介して他の基本量とも整合することになり、ここに電気量は名実ともに国際単位系の一員と言えることになるのです。

ただし電圧と抵抗の目盛りに相当するジョセフソン定数とフォン・クリッツィング定数はプランク定数の影響を受けるため、プランク定数が見直されると結果として1990年の協定値から電圧、抵抗も変化することになります。その違いは電圧の場合で1000

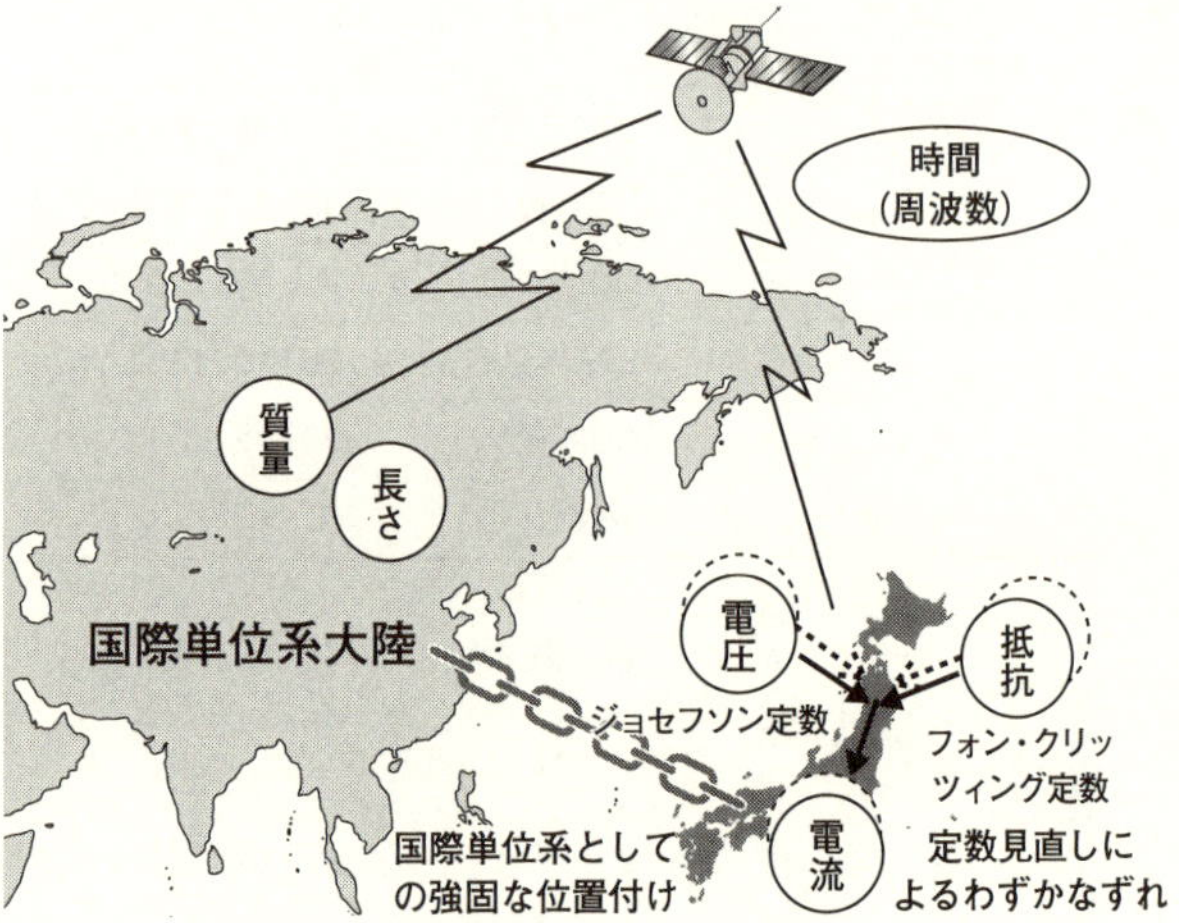

図11・3　定義見直しに伴う電気量のわずかなずれ

万分の1、抵抗ではさらに小さい1億分の2程度とごくわずかですが、一連の定義改定で唯一生じるステップ状の変化と言えます（表11・3）。

ただ、現実的には産業界で使われる標準電圧源や標準抵抗の経時変化の方が大きいので、この程度のずれはまったく問題になりません。一方、ここで見直しをすることで電気量が質量など他の単位と長期的に整合し、わずかな不連続という一時的問題を上回るメリットが得られます（図11・3）。

より具体的には、電気自動車のような電力と動力の変換を伴う現象を、現在より正確に評価できるようになるでしょう。また、皆さんのスマートホンには振動を検出する加速度センサなど、ＭＥＭＳ（Micro Electro Mechanical

Systems）と呼ばれる機電一体デバイスが内蔵されていますが、ここでも電気量と機械量の変換やデバイス自体の効率化などが期待されます。センサやアクチュエータの低消費電力化、エナジーハーベスト（微小振動や温度差を利用した環境発電）の効率化など、モノとモノがインターネットでつながる、いわゆるＩｏＴの時代に向けて、様々な恩恵をもたらすと期待できます。

熱力学温度の新定義と将来

従来の定義である水の三重点は、再現性には優れるものの、他の数ある温度定点同様、熱によりもたらされる物質の状態であることに変わりなく、（歴史的経緯以外には）熱力学温度の定義と結びつける必然性はありません。このようなことから、物質による定義ではなく、他の標準同様、基礎物理定数による定義にしよう、という考えに至りました。

新定義ではボルツマン定数を介して、熱運動する粒子のエネルギーとの関連で熱力学温度を表すことになります。水という特定の物質に縛られていた熱力学温度定義は、ボルツマン定数という普遍的な物理定数で定義されることになります。ただし、熱力学温度の定義が改定されても温度目盛りは変えないことになっています。定義改定は温度目盛りに影響せず、定義改定後も相変わらず水の三重点は０・０１℃で、第５章で紹介した「国際温度目盛」も変わらないことになっています。したがって定義改定後であっても、皆さんが使う温度計はそのまま使えます。ただし、将来的には温度目盛を改定し、より熱力学温度に近づけようという活動がすでに始まっています。

モルの新定義による影響

従来炭素12の質量を介して間接的に定義されていたものが、不確かさのないアボガドロ定数が定義値として決められ、モルの定義となります。質量とも、特定の物質とも無関係に、単純に個数で定義されることになります。一方、炭素の側から見ると今後は1モルの炭素原子を取り出したとき、ぴったり0・012キログラムではなく、不確かさを伴うことになります。これまでは炭素に特別な地位を与えて定義していたのですが、炭素も他の物質同様の地位になるというわけです。このことが化学や医薬などに影響を与えることは一切ありません。ただ、化学の教科書に書かれている定義は書き換える必要があるでしょう。

秒は？　カンデラは？

2019年5月から有効になる定義によって、国際単位系が抱えてきた本質的な問題（キログラムのゆらぎ）や事実上の不整合（電気量と力学量との不整合）を相当程度解消することが期待されます。では、従来の定義が維持される時間（秒）、光度（カンデラ）は将来にわたって見直し不要でしょうか。

図11・2を見ると、質量をはじめ多くの基本単位の定義に時間（秒）が関わる一方、時間は何ものからも指図されていません。これは改定前（図11・1）でも同じで、つまり秒がいちばん正確に測定できる、ということを示しています。例えばプランク定数の決定で1億分の1レベルを問題にしているのに対し、秒は原子時計があれば10兆分の1程度の精度が普通に実現できます。他の単位に比べ、圧倒的に不確かさが小さいので、矢印の先にある基本単位の定義・現示に際し、精度の悪化に寄与しないのです。では、秒の定義は安泰で、問題はないのでしょうか。現在の定義を見てみると「秒は、セシウム133の原子の基底状態の2つの超微細構造準位の間の遷移に対応する放射の周期の91億9263万1770倍の継続時間である」となっています。

秒は原子時計によって他の単位より桁違いに正確な測定が可能とは言え、定義についてはセシウムという特定の物質に依存していることになります。この定義が定められてから50年、原子時計は長足の進歩を遂げ、セシウム以外でも様々な物質と仕組みによる原子時計が研究されています。特に今日では「光周波数時計」という新たな原子時計によって、セシウム原子時計を凌駕《りょうが》する精度が期待されています。このため秒についてもいずれ定義の改定が必要ではないか、と議論されています。精度の追求は、果てしがないのです。

一方、7基本単位のうち唯一人間の感覚に沿って決められているのが、光度の単位・カンデラです。光源がロウソク、ガス灯、白熱灯、蛍光灯、そしてLEDと進歩しているなか、単位の定義は一定ですが、現示の手段はこれら光源の進歩に応じて変わってきています。ここでは詳述する余地がありませんが、世界のNMIでは今も測定方法の開発が続いています。

キログラムは誰のもの？

メートル条約締結当時、質量も長さも、定義となる国際原器をパリ郊外の国際度量衡局に置き、その管理を委ねました。中立機関である国際度量衡局は、メートル条約の加盟国であれば分け隔てなく、同じ精度で校正する義務を負い、実際これまでそのような対応が維持されてきました。ところが第10章で基礎物理定数の決定に見たとおり、キログラムを定義どおり実現できるのは現在わずかに日本、ドイツ、アメリカ、カナダだけです。

メートル条約のもとで平等に単位の標準を得られた時代は終わり、技術のない国は技術のある国からキログラムという基準を輸入することになるのでしょうか。

実際には定義改定後も、ほとんどの基準は分銅のまま維持されます。分銅と天秤による標準、校正は、長期的安定性という点を除けば、それだけ取り扱いが容易で、完成度が高いのです。また国際度量衡局でもキッブル・バランスの開発が進んでおり、ほどなく新たな定義によって1キログラムが現示できる見込みです（図11・4）。

図11・4　国際度量衡局で開発中のキップル・バランス
（写真：Courtesy of the BIPM）

現実にはこのように単位の世界中の一様性、というのはメートル条約の精神に則って、今後も維持されます。具体的には21ページで述べたように新たな定義で質量を実現できる国々とBIPMが共同で分銅を評価し、標準が維持されると期待されています。

もし特定の国でしか恩恵が受けられないのであれば、それは世界が受け入れるべき基準としてふさわしくないでしょう。

定義改定に取り組む意義

ではこのような公共的な事業に、各国が取り組む意義はどこにあるでしょう。定義改定には膨大な資源と努力が投入されています。科学雑誌『ネイチャー』では201

2年、キログラムの定義改定を、重力波の検出などと並んで最も困難な5つの科学実験のひとつとして挙げています。それだけ難しいのです。自分が定義改定に取り組まなくても、新しい定義でいずれ国際度量衡局などを通じて同様な基準が手に入るのです。わざわざ苦労する意味はどこにあるでしょう。

18世紀のメートルを決定するための測量、19世紀の国際原器を製作するための冶金技術、20世紀の長さの定義改定のための電磁波速度測定、などなど、測る基準である単位の見直しにはその時々の、最高の技術が投入されました。単位の基準以上の精度では測定できないのですから、その努力は並大抵のものではありません。しかし、測定精度の向上が新たな科学をもたらしてきました。そして本書でも何ヵ所かで触れたとおり、ノーベル賞の対象となったような革新的、基礎的な発見が、単位の見直しに寄与してきました。そうです。定義の改定に結びつくような究極の測定は、人類に新たな知見をもたらす、科学そのものなのです。

130年におよぶ原器による質量標準に終止符を打った、ドイツ、アメリカ、カナダ、そして日本は、科学的貢献によって、人類に新たな可能性をもたらした、と言って過言でないでしょう。

計測技術は基礎科学力の表れ

計測という行為の意味を改めて考えてみましょう。私たちは重い・軽い、大きい・小さい、暑い・寒い、……という主観を、単位と関連づけることで客観化し、共有しています。そして測定対象、範囲、精度が上がるにつれ、人類は新たな知識を得てきました。星の動きを測り、物体が落ちる速度を観察し、宇宙の仕組みを解明してきました。原子が発する放射を測定することで量子力学というミクロの世界の扉を開けました。こうして振り返ると、測定とは科学そのもの、科学するためのツールであることがわかります。

単位の名称を思い出してください。アンペア、ボルト、オーム、ニュートン、ワット、……。それぞれ科学の発展に寄与した、偉大な科学者、技術者たちです。これらの科学者が活躍した国々は、例外なく科学大国です。計測技術は、基礎科学力の表れであるといえるでしょう。同時にそのような国々は、単位という人類の共有財産に対して責任を負っているともいえるでしょう。日本もそのような責任の一端を担うようになったのです。単位や実験装置に科学者の名前が残されたのは、その責任に対する敬意の表れでもあります。もしかしたら将来、質量の基準を実現する画期的な装置にタナカ・バランスとか、オノ・バランスという日本人の名前がついているかもしれません。そう思うと、なんだか楽しみになりませんか？

計測技術は産業競争力の源泉

同時に計測技術は競争力の源泉でもあります。古代エジプトをはじめ、覇権をとった国々は例外なく優れた計測技術と単位系をもっていました。産業革命や最近のエレクトロニクス革命にも、計測技術が密接に関わっています。測れないものは作れません。計測技術は横断的で、製品の開発、製造、品質管理など、あらゆる産業のあらゆる局面に関わります。また、地球温暖化を踏まえた大気中のガス分析、環境ホルモンや大気中微粒子などの環境分析、医療や食品分析など、持続可能な社会の構築に必要な様々な計測技術が求められています。これらの信頼性は、すべて単位の正確さに左右されます。正確な単位と、それを基にした新たな計測技術開発が、ますます求められています。

本書で述べた定義の改定に大きく関わったアメリカとドイツは、いずれも計測技術をイノベーション、産業競争力の源泉と位置付けています。その計測技術を開発するそれぞれのNMI、アメリカのNISTは3000名規模で、ドイツのPTBは2500名規模で、研究開発を進めています。そして中国でも、当該機関がここ数年で急速に設備、陣容とも拡充しています。中国はキログラムの改定にこそ関われませんでしたが、本書で触れた熱力学温度（ボルツマン定数）の改定には、大きく貢献するまでになっています。国際協調で「共創」された新たな単位ですが、

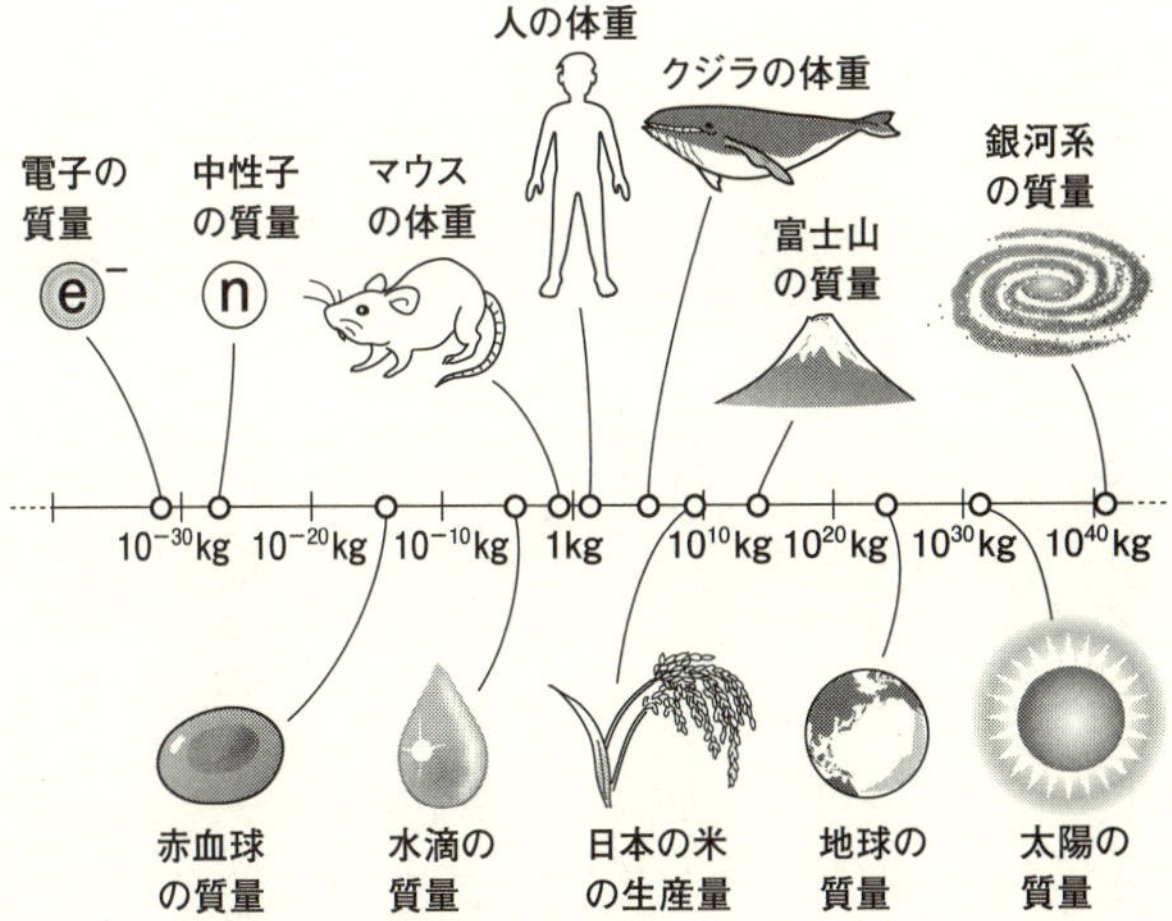

図11・5　様々な計測対象とその質量

そこから生まれる果実を得るために、激烈な「競争」が行われようとしているのです。NMI、メトロロジストどうしはかけがえのないパートナーであると共に、自国の産業競争力を巡って争う、強力なライバルなのです。

産業への寄与

究極の測定を目指す科学的営みの後には、当然産業や経済にとってのメリットが待ち受けています。

ここで、キログラム原器からプランク定数に定義が変わることの産業上のメリットを考えてみましょう。これまでは原器の値である、1キログラムを基準に倍量・分量という手段を経てあらゆる大きさの質量が測定されてきました。倍量とは同じ分銅を加えて、2倍、4倍と増やすこと、分量とは逆に小さい分銅に2分の1、4分の1と分割していくことです。このようなステップのたびに不確かさは累積されるので、1キログラムから離れるほど相対的な不確かさが悪化する、という宿命がありました。特に微小な質量測定では大きな不確かさを伴うことを余儀なくされています。例えば創薬やバイオテクノロジーで微小量物質を取り扱う際、希釈などの手段に頼らざるを得ず、大きな不確かさを伴っていました。

新たな定義では、プランク定数を基に任意のスケールの質量を精密に測定することが期待できます。ちょうど長さの定義が光の速さになることで、地球と月の距離のような長大なスケールから、ナノテクノロジーを支える微小なスケールまで、高精度な測定を可能にしたのと同じです。

プランク定数を測定したキッブル・バランス、アボガドロ定数を測定したシリコン球、いずれも1キログラムに縛られない質量を実現できます。また原子やイオンを既知の数だけ寄せ集める、光の放射圧を利用する、など様々な原理が考えられます。これらの作用はすべてプランク定数を介して定量化が可能なのです。このように様々な測定方法により広範な質量が測定できることが、キログラム定義の改定により将来期待される、産業上のメリットのひとつと考えられます。

定義が変わると社会が変わる

本書では科学の進歩によって計測の単位がどう変わったかを見てきました。科学の進歩が新たな計測技術を生み出し、その計測技術がそれまでの科学では説明できないことを見いだし、それが次の科学に結びつく。しかし、変わるのは科学、技術だけではありません。単位が変わったその先には、社会の変化があるのです。

例えば電気自動車。これから内燃機関（エンジン）に代わって普及する、と言われています。しかし燃料精製から発電に至るまでのコストや、二酸化炭素排出量を、他の動力機関と正確に比べたときに、電気・温度・力学的動力・電気的動力、などがすべて整合している必要がありま す。具体的には定義の改定以前では、電気量による1ワットと、機械的エネルギーによる1ワットは、厳密に言えば整合していませんでした。つまり同じ1ワットでも、エネルギーの形態によって厳密にはずれが生じる可能性があったのです。また現在、電気は時間あたりのワットで、ガソリンは容積（リットル）で、石炭は質量で取り引きしていますが、定義の改定を経て、将来的には例えば電力や燃料などのエネルギー源を熱量ベースで取り引きする世の中になるかもしれません。

単位は私たちの日常に密接しています。単位が変わると、やがて社会が変わるのです。

すべての時代に、すべての人々に

そろそろ本書の結末に近づいてきました。人類は社会生活を営み始めた当初から、測る基準、すなわち共通の単位を求めてきました。18世紀のフランスでメートル法の原型が生まれ、国際単位系として今日に至りました。私たちは国際単位系という、いわば世界共通の言語をもって対話することが可能となりました。

では地球だけでなく、もし遠く離れた星の住人と情報を交換することになったら、あなたは自分をどう紹介しますか？

光の速さはどうやら全宇宙共通のようなので、身長は光が進む時間で紹介できますね。でもその星の人たちは別の原子時計を使っているかもしれません。原子時計どうしの換算（振動数比）が必要ですね。

体温はどうでしょう。絶対零度は宇宙の果てでも同じですから、水の状態と関係づけて、説明できそうですが、その星には水がないかもしれません。灼熱の星で鉛が溶ける温度を基準にしているかもしれません。

こうして考えると、これまでの単位の定義はたまたま手にした特定のものを基準にしていたことが良くわかります。私たちは目に見える（長さ）、手に取れる（質量）、触れられる（温度）を基準に単位を定めてきました。いわばのぞき穴から見た世界だけで単位を定めてきたといえるでしょう。量子論的世界観を持つに至った私たちにとって、単位の定義を変えるのは当然というべきでしょう。宇宙を貫く法則に従った定義こそ、真の「すべての時代にすべての人々に」といえるでしょう。

一方で、基礎物理定数による定義は一般市民が理解するには困難なものとなりつつあります（それが計量の信頼性や公平性をより向上させるためのものであるにしても）。計量制度の近代史は、フランス革命に象徴されるように、市民にとってわかりやすく、公平なものにする、すなわち民主化の、まさに「すべての人々」のための歩みであったことを考えると皮肉な流れです。このことを考えると、各国ＮＭＩの責任は重大です。単位の標準の透明性を維持しつつ、より良くするのはＮＭＩ間の協力、メトロロジストの努力に懸かっています。

そして単位は定義を実験室の中で実現しただけでは終わりません。それを常に維持し、必要とする人に届けなければ意味がありません。そのような責務は、人類が豊かな社会を維持する限り、まさに「すべての時代に」必要とされるはずです。

普遍的な単位を求めつつ、世界にあまねくその恩恵をもたらそうとするメトロロジストたちの挑戦は、これからも続くのです。

おわりに

最後までお読み頂き、ありがとうございました。計測の基準である単位の定義が変わろうとする今、メトロロジストたちの挑戦に少しでも興味を持っていただけたでしょうか。

本書は講談社ブルーバックス編集部の家中信幸さんから、「質量の定義が新しくなるだけでなく、単位を決めることが物理や世界に関わっているおもしろさを一般向けに紹介できないか」という提案から生まれました。しかしいざ引き受けたものの、メートル法がフランスで生まれて200年以上、国際キログラム原器が生まれてから数えても130年近くの歴史と、この間のめざましい科学の発展をどのように伝えたら良いか、一時は途方に暮れました。そんなとき家中さんから提示されたタイトルが「科学が進めば単位が変わる」でした。計測の歴史を振り返れば、レーザーのような科学の進歩が単位を変え、それによって可能になった精密な計測がまた新たな科学の扉を開き、それがまた単位を変え、……という繰り返しです。まさに科学が進むことで、単位が変わってきた、その視点からなんとか書き進めることができました。科学と計測技術の双発的関係、緻密に絡み合った単位系のおもしろさが読者に伝わったなら、望外の喜びです。

本書の執筆にあたっては、多くの方々、特に筆者の職場である産業技術総合研究所・計量標準総合センターのスタッフから助言を頂きました。ここに各位のお名前は記しませんが、心よりお礼申し上げます。また、写真などを快く提供して頂いた各NMIとBIPMにお礼申し上げます。もとより本書の記載内容はすべて筆者に責任があります。読者諸賢のご批判、ご叱正を仰ぐ次第です。また、本書では特定の研究機関や研究者の業績について詳述していませんが、計量単位の統一を成し遂げ、その標準を不断の努力で維持し、新たな単位の改定に関わってきたすべての関係者の努力と業績に、心より敬意を表する次第です。そしてメートル法のスローガンである「すべての時代に」に象徴されるとおり、この役割は未来永劫つきることはありません。これからその責務を担う、未来のメトロロジストたちにもエールを送りたいと思います。

本書に記した知見はすべて公開された情報に基づいています。一次情報も、国際度量衡局やCODATAのホームページ、またオープンアクセス（購読者以外でも閲覧可能）の論文から知ることができます。したがって本書には私しか知り得ない情報はひとつもありません。一方、本書の執筆の大きな動機として、国際度量衡委員会で身近に見てきた単位をめぐるドラマを多くの人に紹介したいという思いがありました。行間にはそのような私なりの視点を込めたつもりです。そして2012年に国際度量衡委員に選出されて以降、秘書として筆者の業務を支えていただいた、大和友子さん、長岡真知子さん、遠藤孝子さんに心よりお礼申し上げます。

最後に、私の文章表現について率直な意見を述べてくれた息子と娘、ならびに週末を執筆に専念させてくれた妻に心より感謝して、筆をおきます。

参考文献

単位や計測技術については多くの優れた解説書が発行されています。また今日ではインターネットで過去から最新の様々な情報に触れることができます。そのすべてを紹介することはできませんが、目的に応じた文献の一例と、インターネットアドレスを掲げました。

単位に関わる解説。辞書のように単位の定義や使い方、背景を調べたいときに。

①『ニュートン別冊　あらゆる単位と重要原理・法則集』ニュートンプレス
②『新・単位がわかると物理がわかる』和田純夫、大上雅史、根本和昭　ベレ出版
③『単位171の新知識』星田直彦　講談社ブルーバックス
④『図解　単位の歴史辞典』小泉袈裟勝　編著　柏書房
⑤『単位の歴史　測る・計る・量る』イアン・ホワイトロー　著、冨永星　訳　大月書店
⑥『トコトンやさしい計量の本』今井秀孝　監修　日刊工業新聞社

単位のなりたちに関する読み物。単位に関わる科学技術史やそれに関わった科学者を巡るドラマを知りたいときに。

①『単位の進化』髙田誠二　講談社学術文庫
②『万物の尺度を求めて』ケン・オールダー 著、吉田三知世 訳　早川書房
③『世界でもっとも正確な長さと重さの物語』ロバート・P・クリース 著、吉田三知世 訳　日経BP社

国家計量標準機関の関係者による解説、あるいはその活動を扱ったドキュメント。

①『超精密計測がひらく世界』計量研究所 編　講談社ブルーバックス
②『メタルカラーの時代12 空前絶後のスーパー仕事師』山根一眞　小学館文庫
③『〈はかる〉科学』阪上孝、後藤武 編著　中公新書
④『1秒って誰が決めるの？』安田正美　ちくまプリマー新書
⑤『きちんとわかる計量標準』産業技術総合研究所　白日社

本書で触れた科学的な事柄をより深く知りたいときに。興味や知識に応じて様々な文献がありますが、ここでは中学生でも読み進められるものから専門的なものまでいくつか例示します。

①『新版　岩波ジュニア科学講座〈第1巻〉すがたを変える物質』井上勝也　岩波書店
②『新版　岩波ジュニア科学講座〈第2巻〉運動・光・エネルギー』江沢洋　岩波書店

③『だれが原子をみたか』江沢洋　岩波現代文庫
④『物理法則はいかにして発見されたか』R・P・ファインマン 著、江沢洋 訳　岩波現代文庫
⑤『高校数学でわかる相対性理論』竹内淳、講談社ブルーバックス
⑥『光と重力 ニュートンとアインシュタインが考えたこと』小山慶太　講談社ブルーバックス
⑦『ファインマン物理学　I　力学』『ファインマン物理学　II　光 熱 波動』『ファインマン物理学　V　量子力学』ファインマン、レイトン、サンズ 著、坪井忠二（I）、富山小太郎（II）、砂川重信（V）訳　岩波書店（ファインマン物理学の原著は現在インターネットに公開されています。http://www.feynmanlectures.info/）

①、②は中学生レベルの理科の知識を前提とし、特殊相対性理論や量子力学の初歩までを丁寧に解説しています。③、④は科学がどのように進歩してきたか、そこに計測がどう関わったかを追体験させてくれます。特に③は本書で詳しく触れなかったボルツマン定数の意味や位置づけを教えてくれます。⑤、⑥は高校レベルの知識を前提とし、古典力学の限界から相対性理論までを解説しています。最後のファインマン物理学は1960年代に行われた大学物理の講義録を基にしているのでかなり難しいですが、古典物理学から量子力学・相対性理論に至る全体像を理解する上では今日でも最も優れた教科書のひとつです。高校生ならチャレンジできる内容です。

インターネットから得られる情報。
①国際度量衡総会の議事録（国際度量衡局のホームページ）
https://www.bipm.org/en/worldwide-metrology/cgpm/resolutions.html
②国際度量衡委員会の議事録（国際度量衡局のホームページ）
https://www.bipm.org/en/committees/cipm/publications-cipm.html
③単位の定義改定に関わる最新情報（産業技術総合研究所・計量標準総合センターのホームページ）
https://www.nmij.jp/transport.html
④CODATA（科学技術データ委員会）が推奨する基礎物理定数の値は、事務局であるアメリカのNIST（国立標準技術研究所）が公開しています。
https://physics.nist.gov/cuu/Constants/

第５章で、アンペアの定義は、電気力の伝わり具合である「磁気定数」の定義でもある、と紹介しました。「磁気定数」は電流と電流、電荷と電荷が及ぼし合う力の伝わり具合です。もし、電流を定義どおり、つまり電線に及ぼし合う力で正確に実現できたら、電荷も正確に決定できることになります。

電気素量と力の関係（本文154ページ）

電流のもともとの定義は電流が流れる電線に及ぼし合う力です。そして電流の本質は電子ですから、電子どうしにも力が働くはずです。そしてその力は電子の量、すなわち電荷に比例します。

この関係を示したのが図2になります。距離rで隔たった2つの電荷Q_1、Q_2が及ぼす力Fは

$$F \propto \mu_0 \cdot \frac{Q_1 \cdot Q_2}{r^2}$$

で与えられます。ここにμ_0は磁気定数です。

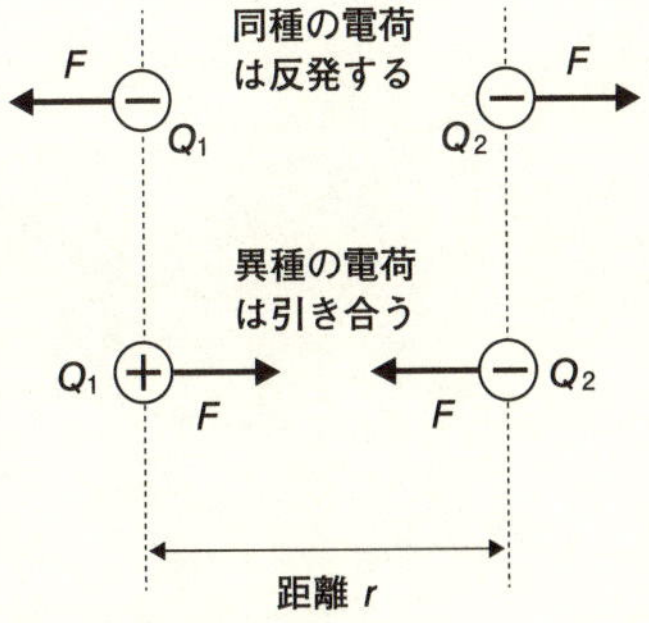

図2　電荷が及ぼす力

これらの式から、電圧はジョセフソン定数の逆数の整数倍で、抵抗はフォン・クリッツィング定数の整数分の1で正確に目盛りが刻まれることになります。

それまでの電気の標準、例えばツェナーダイオードによる標準では、素子の特性や環境温度など様々な要因が電圧に影響しました。しかしジョセフソン効果、量子ホール効果の元では、電気素量やプランク定数を介して電圧、抵抗をきわめて良く再現できるのです。

プランク定数と電気素量（本文154ページ）

ジョセフソン効果と、量子ホール効果によって得られる階段状の電圧・抵抗のステップ、いわば目盛りは、次のようになることがわかっています。

ジョセフソン効果における電圧のステップVは

$$V=n\frac{h}{2e}f \qquad （式3）$$

で与えられます。ここでeは第5章で出てきた電気素量、hは第6章で出てきたプランク定数です。nは整数、fは照射される電磁波の周波数を示します。

量子ホール効果における抵抗のステップは

$$R=\frac{h}{ie^2} \qquad （式4）$$

で与えられます。ここでiは整数です。また、（式3）において、$K_{\mathrm{J}}=\dfrac{2e}{h}$（式4）において$R_{\mathrm{K}}=\dfrac{h}{e^2}$と置き換えて、

$$V=\frac{1}{K_{\mathrm{J}}}nf \qquad （式3）'$$

$$R=\frac{R_{\mathrm{k}}}{i} \qquad （式4）'$$

とも表現します。発見者の名をとって、それぞれK_{J}をジョセフソン定数、R_{K}をフォン・クリッツィング定数と呼びます。

理由はともかくマイケルソンとモーレイによる実験結果を説明する理論体系が示されたのです[1]。

そして運動によって時間の進み方が変わることを、それまでの常識であったいわゆるニュートン力学に導入すると、速度によって質量が変わること[2]、エネルギーと質量が等価であることが導かれました[3]。有名な質量とエネルギーが光の速度の２乗を介して同等であるという公式（式５・１）です。

［1］アインシュタインによる光速度不変の原理と光と運動に対する考察は Einstein, von A., Zur Elektrodynamik bewegter Körper, in Annalen der Physik (Leipzig) 322 (10): 891–921, 1905で報告されましたが、この論文では純粋に思考実験で諸関係を導いています。本人がマイケルソン－モーレイの実験を知っていたかは諸説あるようです。

［2］アインシュタインは運動によって質量が変化（増加）することを示しました。したがって特に速さがゼロのときの質量を物体固有の量として静止質量と呼びます。しかし質量変化は運動速度に対して光速が莫大なため通常は無視できます。光の速度に近づくような宇宙船でもない限り、質量は一定として取り扱って差し支えありません。

［3］アインシュタインは Einstein, von A., Ist die Trägheit eines Körpers von seinem Energieinhalt abhängig? Annalen der Physik (Leipzig) 323 (13): 639–641, 1905において、光の放射による運動量の思考実験により質量とエネルギーの等価性を導いています。

今後のためにそれぞれの合計時間を次のように変形しておきます。

時間 B→E′→B′：$\dfrac{2L/c}{1-v^2/c^2}$……（式１）

時間 B→C′→B′：$\dfrac{2L/c}{\sqrt{1-v^2/c^2}}$……（式２）

移動速度vは光の速さcより小さいので、２つの時間を比べると（式１）の方が長く（分母が小さい）、すなわちB→E′→B′と進んだ光の方が遅れて戻るので、この違いがそのままD′、F′において光の位相のずれとなるはずです。

当時この実験では装置を地球の自転・公転方向に合わせて速度vを与え、光速cとの比を求めようとしました（地球の自転は赤道付近で時速1600キロメートル程度、公転は時速10万キロメートル程度なので、光の速さの１万分の１に相当します）。

ところがどんなに注意深く測定しても、地球の速度から予想された位相のずれは観測されなかったのです。当時の物理学者が理由について様々検討するなか、アインシュタインは、光の進む速さは運動に左右されない、「光速度不変の原則」を前提としました。そして逆に時間が運動によって伸び縮みする、と考えたのです。ただし光の速さは莫大なので、日常的な運動においてはこの時間の伸縮は無視することができます。

誰にとっても同一と思われた時間が、運動によって進み方が変わる、というのはにわかに信じがたいことですが、

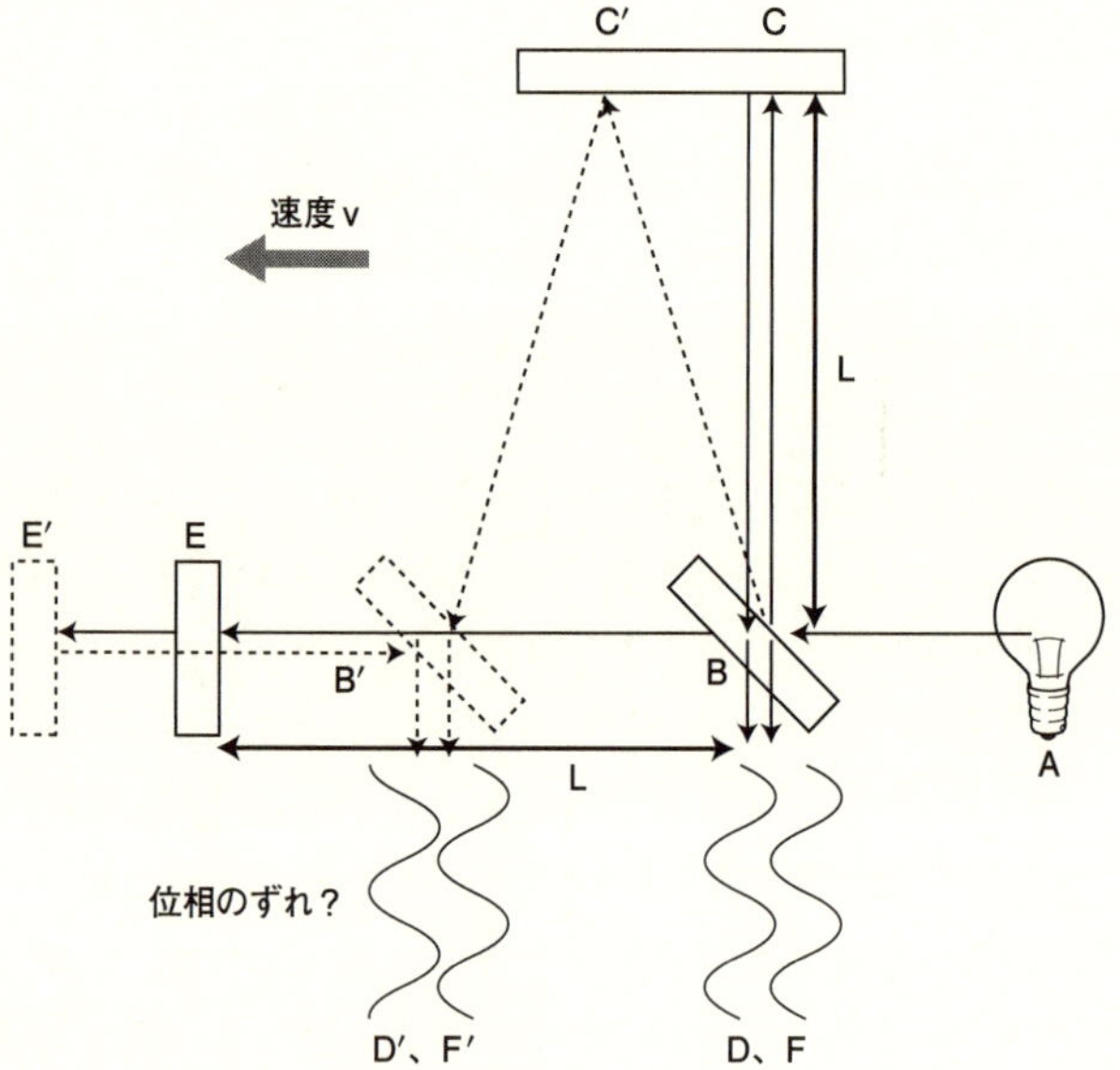

図１　マイケルソン-モーレイの実験

表　それぞれの区間の距離と要する時間

区間	区間距離	要する時間	合計時間
B→E′	$L+\mathrm{v}L/(c-\mathrm{v})$	$L/(c-\mathrm{v})$	$\frac{2Lc}{c^2-\mathrm{v}^2}$
E′→B′	$L-\mathrm{v}L/(c+\mathrm{v})$	$L/(c+\mathrm{v})$	
B→C′	$L\sqrt{1+\mathrm{v}^2/(c^2-\mathrm{v}^2)}$	$L/\sqrt{c^2-\mathrm{v}^2}$	$\frac{2L}{\sqrt{c^2-\mathrm{v}^2}}$
C′→B′	$L\sqrt{1+\mathrm{v}^2/(c^2-\mathrm{v}^2)}$	$L/\sqrt{c^2-\mathrm{v}^2}$	

光速度不変の原理（本文138ページ）

19世紀当時、光の伝播と運動の関係について様々な解釈と検討が行われました。代表的な例が図1に示す、アルバート・マイケルソンとエドワード・モーレイという2人のアメリカ人物理学者によって1887年に報告された実験です。

装置の仕組みは第3章に出てきた、光波干渉計と基本的に同じです。光源A、ハーフミラー（半透明の鏡）B、そしてBから等距離Lに2つの鏡C、Eがしっかりした台に取り付けられています。光がBで二分され、それぞれC、Eで反射してBに戻り、その光はD、Fとして再び1つの光となります。光は波なので、このとき同じLの道のりを往復した光はぴったり同じ位相になり、干渉で光を強め合います。

さて、つぎにこの装置全体が左の方向に速度vで動いていたとしましょう。光がEに向かって進む間に、Eは速度vで左に進むので、光が到達するときの位置はE′になっているはずです。そこで反射してBに戻ってくる間には、さらに時間が経つのでBはB′の位置にいるはずです。

一方Cに進んだ光はB→C′、C′→B′と戻ってきます。この道のりはちょうど二等辺三角形の2辺に相当するので、三平方の定理で算出できます。光の速さをcとすると、こうして光が経由するそれぞれの距離と、それを進むのに要する時間は、右の表のようになります。

【や行】

【ら行】

【わ行】

【た行】

【な行】

【さ行】

さくいん

【記号・アルファベット】

【あ行】

【か行】

N.D.C.609　246p　18cm

ブルーバックス　B-2056

新《あたら》しい1キログラムの測《はか》り方《かた》
科学が進めば単位が変わる

2018年4月20日　第1刷発行
2019年8月5日　第3刷発行

著者　臼田《うすだ》　孝《たかし》
発行者　渡瀬昌彦
発行所　株式会社講談社
〒112-8001 東京都文京区音羽2-12-21
電話　出版　03-5395-3524
販売　03-5395-4415
業務　03-5395-3615
印刷所　（本文印刷）豊国印刷株式会社
（カバー表紙印刷）信毎書籍印刷株式会社
製本所　株式会社国宝社

定価はカバーに表示してあります。

ISBN978-4-06-502056-2

発刊のことば

科学をあなたのポケットに

二十世紀最大の特色は、それが科学時代であるということです。科学は日に日に進歩を続け、止まるところを知りません。ひと昔前の夢物語もどんどん現実化しており、今やわれわれの生活のすべてが、科学によってゆり動かされているといっても過言ではないでしょう。

そのような背景を考えれば、学者や学生はもちろん、産業人も、セールスマンも、ジャーナリストも、家庭の主婦も、みんなが科学を知らなければ、時代の流れに逆らうことになるでしょう。

ブルーバックス発刊の意義と必然性はそこにあります。このシリーズは、読む人に科学的に物を考える習慣と、科学的に物を見る目を養っていただくことを最大の目標にしています。そのためには、単に原理や法則の解説に終始するのではなくて、政治や経済など、社会科学や人文科学にも関連させて、広い視野から問題を追究していきます。科学はむずかしいという先入観を改める表現と構成、それも類書にないブルーバックスの特色であると信じます。

一九六三年九月

野間省一

ブルーバックス　物理学関係書（I）

79 相対性理論の世界　J・A・コールマン　中村誠太郎＝訳
563 電磁波とはなにか　後藤尚久
584 10歳からの相対性理論　都筑卓司
733 紙ヒコーキで知る飛行の原理　小林昭夫
873 時間の不思議　都筑卓司
911 電気とはなにか　室岡義広
920 イオンが好きになる本　米山正信
1012 量子力学が語る世界像　和田純夫
1084 図解　わかる電子回路　加藤　肇／見城尚志／高橋　久
1128 原子爆弾　山田克哉
1150 音のなんでも小事典　日本音響学会＝編
1174 消えた反物質　小林　誠
1205 クォーク　第2版　南部陽一郎
1251 心は量子で語れるか　ロジャー・ペンローズ／A・シモニー／N・カートライト／S・ホーキング　中村和幸＝訳
1259 光と電気のからくり　山田克哉
1310 「場」とはなんだろう　竹内　薫
1324 いやでも物理が面白くなる　志村史夫
1337 パソコンで見る流れの科学　CD-ROM付　矢川元基＝編著
1375 実践　量子化学入門　CD-ROM付　平山令明
1380 四次元の世界（新装版）　都筑卓司

1383 高校数学でわかるマクスウェル方程式　竹内　淳
1384 マックスウェルの悪魔（新装版）　都筑卓司
1385 不確定性原理（新装版）　都筑卓司
1390 熱とはなんだろう　竹内　薫
1391 ミトコンドリア・ミステリー　林　純一
1394 ニュートリノ天体物理学入門　小柴昌俊
1415 量子力学のからくり　山田克哉
1444 超ひも理論とはなにか　竹内　薫
1452 流れのふしぎ　石綿良三／根本光正＝著　日本機械学会＝編
1469 量子コンピュータ　竹内繁樹
1470 高校数学でわかるシュレディンガー方程式　竹内　淳
1483 新しい物性物理　伊達宗行
1487 ホーキング　虚時間の宇宙　竹内　薫
1509 新しい高校物理の教科書　山本明利／左巻健男＝編著
1569 電磁気学のABC（新装版）　福島　肇
1583 熱力学で理解する化学反応のしくみ　平山令明
1605 マンガ　物理に強くなる　関口知彦＝原作　鈴木みそ＝漫画
1620 高校数学でわかるボルツマンの原理　竹内　淳
1638 プリンキピアを読む　和田純夫
1642 新・物理学事典　大槻義彦／大場一郎＝編
1648 量子テレポーテーション　古澤　明

ブルーバックス　物理学関係書（II）

1657 高校数学でわかるフーリエ変換　竹内 淳
1663 物理学天才列伝（上）　ウィリアム・H・クロッパー　水谷 淳＝訳
1664 物理学天才列伝（下）　ウィリアム・H・クロッパー　水谷 淳＝訳
1669 極限の科学　伊達宗行
1675 量子重力理論とはなにか　竹内 薫
1680 質量はどのように生まれるのか　橋本省二
1690 エントロピーがわかる　アリー・ベン－ナイム　中嶋一雄＝訳
1697 インフレーション宇宙論　佐藤勝彦
1701 光と色彩の科学　齋藤勝裕
1715 量子もつれとは何か　古澤 明
1716 「余剰次元」と逆二乗則の破れ　村田次郎
1720 傑作！　物理パズル50　ポール・G・ヒューイット＝作　松森靖夫＝編訳
1728 ゼロからわかるブラックホール　大須賀 健
1731 宇宙は本当にひとつなのか　村山 斉
1738 物理数学の直観的方法（普及版）　長沼伸一郎
1741 マンガで読む　マックスウェルの悪魔　月路よなぎ＝マンガ　銀杏社＝構成
1746 アメリカ最優秀教師が教える相対論&量子論　スティーヴン・L・マンリー　スティーヴン・フォーニア＝絵　吉田三知世＝訳
1747 マンガ　量子力学　石川真之介＝原作・漫画
1750 知っておきたい物理の疑問55　日本物理学会＝編
1751 低温「ふしぎ現象」小事典　低温工学・超電導学会＝編
1759 日本の原子力施設全データ　完全改訂版　北村行孝／三島 勇
1776 現代素粒子物語　中嶋 彰／KEK（高エネルギー加速器研究機構）＝協力
1780 オリンピックに勝つ物理学　望月 修
1785 「シュレーディンガーの猫」のパラドックスが解けた！　古澤 明
1798 ヒッグス粒子の発見　イアン・サンプル　上原昌子＝訳
1799 宇宙になぜ我々が存在するのか　村山 斉
1803 高校数学でわかる相対性理論　竹内 淳
1805 元素111の新知識　第2版増補版　桜井 弘＝編
1809 物理がわかる実例計算101選　クリフォード・スワルツ　園田英徳＝訳
1815 大人のための高校物理復習帳　桑子 研
1827 大栗先生の超弦理論入門　大栗博司
1832 マンガ　はじめましてファインマン先生　ジム・オッタヴィアニ＝原作　リーランド・マイリック＝漫画　大貫昌子＝訳
1836 真空のからくり　山田克哉
1848 今さら聞けない科学の常識3　聞くなら今でしょ！　朝日新聞科学医療部＝編
1852 物理のアタマで考えよう！　ジョー・ヘルマンス　ウィープケ・ドレンカン＝絵　村岡克紀＝訳・解説
1856 量子的世界像　101の新知識　ケネス・フォード　青木 薫＝監訳　塩原通緒＝訳
1860 発展コラム式　中学理科の教科書　改訂版　物理・化学編　滝川洋二＝編
1867 高校数学でわかる流体力学　竹内 淳

ブルーバックス　物理学関係書（Ⅲ）

1871 アンテナの仕組み　小暮裕明／小暮芳江
1894 エントロピーをめぐる冒険　鈴木 炎
1899 エネルギーとはなにか　ロジャー・G・ニュートン／東辻千枝子＝訳
1905 あっと驚く科学の数字　数から科学を読む研究会
1912 マンガ おはなし物理学史　小山慶太＝原作／佐々木ケン＝漫画
1924 謎解き・津波と波浪の物理　保坂直紀
1930 光と重力 ニュートンとアインシュタインが考えたこと　小山慶太
1932 天野先生の「青色LEDの世界」　天野 浩／福田大展
1937 輪廻する宇宙　横山順一
1939 灯台の光はなぜ遠くまで届くのか　テレサ・レヴィット／岡田好惠
1940 すごいぞ！ 身のまわりの表面科学　日本表面科学会
1960 超対称性理論とは何か　小林富雄
1961 曲線の秘密　松下泰雄
1970 高校数学でわかる光とレンズ　竹内 淳
1975 マンガ現代物理学を築いた巨人ニールス・ボーアの量子論　ジム・オッタヴィアニ＝原作／リーランド・パーヴィス＝漫画／今枝麻子／園田英徳＝訳
1981 宇宙は「もつれ」でできている　ルイーザ・ギルダー／山田克哉＝監訳／窪田恭子＝訳
1982 光と電磁気 ファラデーとマクスウェルが考えたこと　小山慶太
1983 重力波とはなにか　安東正樹
1986 ひとりで学べる電磁気学　中山正敏

ブルーバックス　宇宙・天文関係書

ブルーバックス12cmCD-ROM付

ブルーバックス　地球科学関係書

1414 謎解き・海洋と大気の物理　保坂直紀
1510 新しい高校地学の教科書　杵島正洋／松本直記／左巻健男＝編著
1576 富士山噴火　鎌田浩毅
1639 見えない巨大水脈　地下水の科学　日本地下水学会／井田徹治
1656 今さら聞けない科学の常識2　朝日新聞科学グループ＝編
1669 極限の科学　伊達宗行
1670 森が消えれば海も死ぬ　第2版　松永勝彦
1713 太陽と地球のふしぎな関係　上出洋介
1721 図解　気象学入門　古川武彦／大木勇人
1756 山はどうしてできるのか　藤岡換太郎
1778 図解　台風の科学　上野　充／山口宗彦
1804 海はどうしてできたのか　藤岡換太郎
1824 日本の深海　瀧澤美奈子
1834 図解　プレートテクトニクス入門　木村　学／大木勇人
1844 死なないやつら　長沼　毅
1848 今さら聞けない科学の常識3　聞くなら今でしょ！　朝日新聞科学医療部＝編
1861 発展コラム式　中学理科の教科書　改訂版　生物・地球・宇宙編　石渡正志／滝川洋二＝編
1865 地球進化　46億年の物語　ロバート・ヘイゼン／円城寺　守＝監訳／渡会圭子＝訳
1883 地球はどうしてできたのか　吉田晶樹
1885 川はどうしてできるのか　藤岡換太郎
1905 あっと驚く科学の数字　数から科学を読む研究会
1924 謎解き・津波と波浪の物理　保坂直紀
1925 地球を突き動かす超巨大火山　佐野貴司
1936 Q&A火山噴火127の疑問　日本火山学会＝編
1957 日本海　その深層で起こっていること　蒲生俊敬
1974 海の教科書　柏野祐二
1995 活断層地震はどこまで予測できるか　遠田晋次
2000 日本列島100万年史　山崎晴雄／久保純子
2002 地学ノススメ　鎌田浩毅
2004 人類と気候の10万年史　中川　毅
2008 地球はなぜ「水の惑星」なのか　唐戸俊一郎

ブルーバックス　技術・工学関係書 (I)

495 人間工学からの発想　小原二郎
911 電気とはなにか　室岡義広
1084 図解　わかる電子回路　加藤　肇／見城尚志／高橋　久
1128 原子爆弾　山田克哉
1236 図解　飛行機のメカニズム　柳生　一
1346 図解　ヘリコプター　鈴木英夫
1396 制御工学の考え方　木村英紀
1452 流れのふしぎ　石綿良三／根本光正＝著　日本機械学会＝編
1469 量子コンピュータ　竹内繁樹
1483 新しい物性物理　伊達宗行
1489 電子回路シミュレータ入門　増補版　CD-ROM付　加藤ただし
1520 図解　鉄道の科学　宮本昌幸
1545 高校数学でわかる半導体の原理　竹内　淳
1553 図解　つくる電子回路　加藤ただし
1573 手作りラジオ工作入門　西田和明
1579 図解　船の科学　池田良穂
1624 コンクリートなんでも小事典　土木学会関西支部＝編　井上　晋　他
1643 金属材料の最前線　東北大学金属材料研究所＝編著
1656 今さら聞けない科学の常識2　朝日新聞科学グループ＝編
1660 図解　電車のメカニズム　宮本昌幸＝編著
1665 動かしながら理解するCPUの仕組み　CD-ROM付　加藤ただし

1676 図解　橋の科学　土木学会関西支部＝編　田中輝彦／渡邊英一　他
1679 住宅建築なんでも小事典　大野隆司
1683 図解　超高層ビルのしくみ　鹿島＝編
1689 図解　旅客機運航のメカニズム　三澤慶洋
1692 新・材料化学の最前線　首都大学東京　都市環境学部　分子応用化学研究会＝編
1696 ジェット・エンジンの仕組み　吉中　司
1717 図解　地下鉄の科学　川辺謙一
1719 冗長性から見た情報技術　青木直史
1722 小惑星探査機「はやぶさ」の超技術　「はやぶさ」プロジェクトチーム＝編　川口淳一郎＝監修
1734 図解　テレビの仕組み　青木則夫
1748 図解　ボーイング787 vs.エアバスA380　青木謙知
1751 低温「ふしぎ現象」小事典　低温工学・超電導学会＝編
1754 日本の土木遺産　土木学会＝編
1759 日本の原子力施設全データ　完全改訂版　北村行孝／三島　勇
1763 エアバスA380を操縦する　キャプテン・ジブ・ヴォーゲル　水谷　淳＝訳
1768 ロボットはなぜ生き物に似てしまうのか　鈴森康一
1772 分散型エネルギー入門　伊藤義康
1777 たのしい電子回路　西田和明
1779 図解　新幹線運行のメカニズム　川辺謙一
1781 図解　カメラの歴史　神立尚紀
1797 古代日本の超技術　改訂新版　志村史夫

ブルーバックス　技術・工学関係書（Ⅱ）

1817 東京鉄道遺産　小野田 滋
1840 図解 首都高速の科学　川辺謙一
1845 古代世界の超技術　志村史夫
1854 カラー図解 EURO版 バイオテクノロジーの教科書（上）　ラインハート・レンネバーグ／小林達彦＝監修／田中暉夫／奥原正國＝訳
1855 カラー図解 EURO版 バイオテクノロジーの教科書（下）　ラインハート・レンネバーグ／小林達彦＝監修／西山広子／奥原正國＝訳
1863 新幹線50年の技術史　曽根 悟
1866 暗号が通貨《カネ》になる「ビットコイン」のからくり　吉本佳生／西田宗千佳
1871 アンテナの仕組み　小暮裕明／小暮芳江
1873 アクチュエータ工学入門　鈴森康一
1879 火薬のはなし　松永猛裕
1886 関西鉄道遺産　小野田 滋
1887 小惑星探査機「はやぶさ2」の大挑戦　山根一眞
1891 Raspberry Piで学ぶ電子工作　金丸隆志
1909 飛行機事故はなぜなくならないのか　青木謙知
1916 新しい航空管制の科学　園山耕司
1918 世界を動かす技術思考　木村英紀＝編著
1938 門田先生の3Dプリンタ入門　門田和雄
1940 すごいぞ！ 身のまわりの表面科学　日本表面科学会
1948 すごい家電　西田宗千佳
1950 実例で学ぶRaspberry Pi電子工作　金丸隆志
1959 図解 燃料電池自動車のメカニズム　川辺謙一
1963 交流のしくみ　森本雅之
1968 脳・心・人工知能　甘利俊一
1970 高校数学でわかる光とレンズ　竹内 淳
1977 カラー図解最新Raspberry Piで学ぶ電子工作　金丸隆志
2001 人工知能はいかにして強くなるのか？　小野田博一

ブルーバックス　事典・辞典・図鑑関係書

569 毒物雑学事典 大木幸介
1084 図解 わかる電子回路 加藤 肇／見城尚志／高橋 久
1150 音のなんでも小事典 日本音響学会＝編
1188 金属なんでも小事典 増本 健＝監修 ウォーク＝編著
1484 単位171の新知識 星田直彦
1614 料理のなんでも小事典 日本調理科学会＝編
1624 コンクリートなんでも小事典 土木学会関西支部＝編 井上 晋 他
1642 新・物理学事典 大槻義彦／大場一郎＝編
1653 理系のための英語「キー構文」46 原田豊太郎
1660 図解 電車のメカニズム 宮本昌幸＝編著
1676 図解 橋の科学 土木学会関西支部＝編 田中輝彦／渡邊英一 他
1679 住宅建築なんでも小事典 大野隆司
1683 図解 超高層ビルのしくみ 鹿島＝編
1689 図解 旅客機運航のメカニズム 三澤慶洋
1691 DVD-ROM&図解 動く！ 深海生物図鑑 ビバマンボ／北村雄一 三宅裕志／佐藤孝子＝監修
1698 スパイスなんでも小事典 日本香辛料研究会＝編
1718 小事典 からだの手帖（新装版） 高橋長雄
1751 低温「ふしぎ現象」小事典 低温工学・超電導学会＝編
1759 日本の原子力施設全データ 完全改訂版 北村行孝／三島 勇
1761 声のなんでも小事典 和田美代子 米山文明＝監修
1762 完全図解 宇宙手帳 渡辺勝巳／JAXA（宇宙航空研究開発機構）＝協力